石头是伟大的，坚固的，而且具有永久性。它们是静默的，不可移动的，而且像大英雄那样，具有性格上的力量。它们像隐居的学者那样，是独立的，出尘超俗的。它们总是古老的，而中国人是爱好任何古老的东西的。不但如此，由艺术的观点上说起来，它们是宏伟的，庄严峥嵘的，古雅的。

内 容 提 要

《说石构景》是以图文合一的形式（彩图千余幅），介绍石景造型艺术如何与其他造景元素配合，共同营造环境景观艺术表现形式、方法与技巧的一本专业性读物。主题要点：石道因缘、石艺精魂和石景赏析。首先以自然山水景观为开篇，进而演绎到人文石景的多种构景形式，如天然观赏石构景；石雕石刻造型艺术构景；石雕工艺品构景；碑碣刻石构景等。

另外，从中国古代到现代石景艺术精华中，选出近八十处风景名胜园林的珍贵石景，进行赏析。从读者实用的角度，提出可供借鉴的一些宝贵经验、观点和技巧，供景观工作者参考。书末附有全国风景名胜园林中石景要目（850处），供浏览查询。

本书可供景观设计师、石工匠师、石文化爱好者、旅游管理人士参考。

内 容 紹 介

石は主な造園材料である。＜説石構景＞は図面と文字の方法で、石と別の造園材料を組み合わせる、いろいろ方法を工夫する専門本である。テーマは石と道路の関係、石風景の精髄、石風景を観賞である。

まずは自然の風景を紹介する、次に主な石風景の構図を説明する。たとえば、自然の石風景の構図、彫塑の芸術、墓誌石の構図、石刻の構図など。

古い時代から今まで、いろいろな石風景の構図が中国で残ります。作者はその珍しい石風景の構図から８０枚選びて、詳しい説明します。

この本は読者の角度から貴重な経験や観点や技巧を総括して造園者に提出します。

本の最後、全国の名園から選ばれた８５０目の石風景を登載します、読者は自由に調べようと差し上げる。

この本は石風景の設計家、造園者、石文化の愛好家、旅行者等に奉げるものと致す。

Synopsis

Stone Landscaping, with picture and writing including in the book, is a professional book introducing how to coordinate stone scenery with other scenery-build elements to compose the environmental landscape design. Theme issues include Introduction of stone art, Soul of stone art and Appreciation of stone scenery. The book starts with the natural scenery and gradually moves to the topic of various forms of humanistic stone scenery, i.e. Scenery of natural stone; Landscape of sculpture; Landscape of Scenery of stone carving craft; and Landscape of stone inscription, etc.

Moreover, the book selected 80 sites of stone sceneries from scenic parks to appreciate, which are essence of stone scenery from ancient to modern times in China. For reader's utilities, the book refers to valuable experiences, views and skills. It is a reference for landscape architects. Attached is the content of stone sceneries (850 sites) located in scenic parks across the nation, for browsing and searching.

The book is a valuable reference for landscape designers, stone culture fans and tourists.

說石構景

说石构景

STONE LANDSCAPING

林新华 主编 石景轩工作室 文/图

中国建材工业出版社

序

我收到原中国农业出版社编审林新华先生的《说石构景》书稿和信，深深被他为了写好此书而"读万卷书，行万里路"，一丝不苟，实地调研的精神所感动。林先生退休后，花了4年的时间，专门考察了神州大地上与石头有关的景观：从武夷山的天游峰到张家界的索溪峪，从泰山新入口广场的龙柱到明清渭北地区的拴马桩，还有泉州的老君像、孔庙的须弥座……积累了四千余张精美照片，整合、精编成《说石构景》一书（实用图片千余幅），并确定在中国建材工业出版社出版。他的这种求真务实的精神，在时下略显浮躁的学术氛围里，尤其难能可贵。

林先生在来信中说："这二三十年，虽然石景在营造旅游环境方面不可或缺，也有些好的设计，但创新视野还是很不够，或者说存在一些不足。综合景观方面的、城市景观方面的书有一些，但针对石景配景的专著较少，这个想法可能片面……"事实就是如此，关于石景的专著，国内仅见我扬州的朋友方惠写过《叠石造山》（中国建筑工业出版社1994年版）一书；区伟耕主编的《园林石景》（百通集团2002年版）；国外的有关专著，日本较多，源于其枯山水园林发达；还有就是美国西雅图的园林作家简·怀特纳（Jan·Kowalczewski Whitner）先后送给我的两本专著——《石景：花园石作指南（Stonescaping：A Guide to Using Stone in Your Garden)》（1992）和《石头造园：(Gardening with Stone：Using Stone Features to Add Mystery, Magic, and Meaning to Your Garden)》。但这几本书，或纯技术，或纯科普，说白了，缺少点文化，缺少点深度的理论分析。

《说石构景》全书分为石道因缘、石艺精魂和石景赏析三篇。"石道因缘"不仅从山石自然风景的构景奇观、大型天然观赏石人工造景的智慧、人与天然观赏石含情脉脉的对话三个方面描摹了大自然藉石头给予人类的无偿恩赐，还向读者展示了石饰建筑与石雕艺术的无穷魅力。"石艺精魂"则自石元素对景观构成的影响、石作造型在景观设计中的作用和石构景观设计中的审美规律入手，阐释了石景在景观设计中的文化特性和艺术精神。"石景赏析"篇分大型纪念性石景、国家文化遗产中的经典石景、民间传统园林中的珍贵石景、现代城市广场艺术石景、主题石景新园、地域性标志石景、文化名人墓园石景7章，引导读者领略全国名胜园林石构景观风采。图文并茂，美不胜收。

拜读之余，真为能先睹这部关于中国石文化的经典之作而兴奋不已。作者居然还希望我为书稿写篇序，真不知如何是好！好在信中言明"不求溢美之词，只盼将您对旅游石景建设的一些思考与建议，表达给同行人，定有帮助，……"我也就在此谈一些对石景的认识。

中西方在对待山石的问题上有不同的民族心理。西方历史上对待石头的态度根源于古代中东和欧洲的文化传统。那里，自然的岩石，易使人联想到多石的、荒凉的地域，没有在园林里发生实质性的作用，但石块在很早的时期起就被用于建造亭子、水池和其他构成花园硬质景观的特征。考古学家在整个中东发掘出的花园遗址表明，使用石头的一致的设计特征形成了所有乐园的特色。石雕水渠、石质水盆（池）、带石屋顶的亭子、石制喷泉等对欧洲园林建筑设计有深远影响。大量的巨石和史前墓的遗迹（dolmens）*散布于欧洲的事实提示我们，这一地区的人民在很早就已与风景中的石头和岩石有精神联系。

但早期西方人与石的这种精神联系是对岩石的恐惧和敬畏。在欧洲的斯堪的纳维亚半岛(Scandinavia)，霜精、巨人和侏儒（矮神）被认为常出没于山巅，在欧洲其他地方的寓言中，山岳被确信是女巫、狼人和被打入地狱的鬼魂之家。同样道理，西方自中世纪早期直到18世纪的文学和绘画通常把天然石头的特点描述为异己的和恐怖的地域，几乎没有内在的美。迟至17世纪后半叶，一个到过阿尔卑斯山脉的英国旅行者托马斯·博内特（Thomas Burnet）写道："（山脉）既无形式也没有美，没有形状，没有秩序。在自然界里，再没有什么比古老的岩石或一座山岳更无形状和拙劣的图案了。"因而在西方园林界，尽管园林艺术家们详尽地评价了植物和水在景观构成中的作用，却很少关注自然的石头。在18世纪之前的西方园林中，只使用切割的石块，作为墙体、台地、喷泉、路径和其他园林构件的组成和装饰。直到18世纪浪漫主义运动的兴起后，自然状态的石头才开始具有精神或文化意义，自然景观不规则的美和自然石头的构造美得到欣赏，并导致西方园林中自然石头和岩石假山的出现。

中国人对待石头的民族心理完全不同：千百年来，中国人一直坚持着完整的尊山传统，把山作为精神力量的中心。中国园林中的假山是与中国园林本身同步起源的。它的雏形是殷末周初帝王园囿中的"台"。秦、汉时的假山是远景式的土山和土、石结合之山。魏晋南北朝时，假山叠石在中国古典园林中的主导地位逐渐得以确立，并开始转向近景式的写实风格。隋、唐时期，人工造山虽不多见，但已普遍认识到山石的审美价值，并将其"特置"于园林或供于盆中籍以珍赏。宋代，不仅以模写自然为主的写实式假山达到最高水平与最佳状态，而且也开始使用天然石块为主堆叠假山（叠山或掇山），且已达到相当高的水平，还出现了专门叠山的匠师。明、清两代又在宋代的基础上把叠山技艺发展到"一卷代山，一勺代水"的写意阶段，而且名家辈出，这些假山宗师从实践和理论上使中国古典园林中的叠石造山艺术臻于完善。

很显然，人工造山理应包括土山、石山及土石结合之山的构筑。然而，唐、宋时期，中国的爱石、品石、写石之风颇为昌盛；与之相适应，置石（叠山之特例）与叠山在人工造景中愈来愈重要，乃至到明、清成为园林造景的主流，土山反而退居其次了。事实上，能够在世界造景史上独树一帜的假山，主要是指石山，它是中国古典园林的一个

---

* 又译石室冢墓。史前遗物。以数块巨石植于地上，边向外倾，上承石板以为顶，用作墓室，为新石器时代欧洲典型结构。主要为欧洲、不列颠诸岛及北非之产物。

突出标志。为了反映假山的这一演变过程，突出石与叠石在中国古典园林中的特殊地位，常用“叠石造山”这一术语作为人工造景之别称。

经过历代匠师的艰苦创造和几千年的经验积累，假山叠石业已成为中国园林中最富表现力和最有特点的艺术形象。它的一脉相承，盛行不衰，甚至当今依旧出现“假山热”，表明它在中国有着深厚的文化根基，是癖爱山石这种审美情趣的生动写照。它对于中国园林，就像雕塑对于西方园林一样同等重要。“石令人古，水令人远。园林水石，最不可无”（《长物志》）。如果说“本于自然，高于自然”是中国古典园林一个最主要的特点的话，那么，造景艺术之所以能够体现“高于自然”这一方面，主要即得之于叠山这种高级的艺术创作。

由上可见，西方园林中石山的出现比中国晚了两三千年，但因为现代西方人愈加尊重自然景观本身，他们试图把完美的乐园转变成一座自然的伊甸园（Natural Eden），认为未来景观设计师的职责是变“对称”为“和谐”，以产生一些新的景观式样。为了做到这一点，西方的景观专家正努力从东方园林，尤其是我们的叠石艺术中寻找灵感；无论是理论还是实践，在现代石景艺术上业已走到我国前面。我国古典园林的叠石造山艺术已达到鬼斧神工的境地，而现代景观设计中的石景艺术才刚刚起步！从这层意义上说，林先生的《说石构景》无疑是雪中送炭，将为我国石景设计和石景文化研究起到基石作用，故乐为序。

周武忠

2006年5月29日于石城书屋

周武忠博士为东南大学旅游学系主任、教授，兼东南大学旅游与景观研究所所长、江苏东方景观设计研究院院长。国际园艺学会景观与城市园艺委员会委员、中国盆景艺术家协会常务理事、中国公园协会理事、中国花卉协会花文化专业委员会会长。

大千世界

前言

观赏风景，热爱山水，娱乐健身，已成为当今社会物质生活与文化精神生活的一部分，在这个趋势下，中国的旅游事业一定会大展宏图。人们通过消遣、休息，追求美的享受——一种悄然存在的审美活动，从而丰富自身的经历和文化修养，日后以健康的身心，适应社会和工作对我们的需要。

美的景物是自然景观，也可能是人文景观。旅游中看到的美景，吃到的美食，接触到的美物，都是作为审美对象被游客（审美主体）的眼、耳、口、鼻、触所接受，而被人们欣赏、领悟、感知，从而使自已得到性情陶冶，自身愉悦，精神振奋。

雄壮的山，奇特的石，俊美的水，是决定旅游景点美好的主要指标，也是旅游活动中最重要、最特殊、最具吸引力的景观审美特征。人居环境也以追求如此景象为时尚。“山因石雄，水因石清”，“室无石不雅，园无石不秀”。千百年来人们对山水景观的赞美，成为营造环境景观的艺术核心。可以用世界公认，最古、最精辟的造园学名著，17世纪中国造园学家计成先生著述的《园冶》为证。

谁来为我们提供这类景观服务呢？谁是这些景物的设计者、制作者呢？除地球上千百万年来自然形成的天然山水风景是一类；另一类是我们的景观设计师、建筑师和工艺美术师，根据人们认识与体验积累的历史、文化、艺术和科技知识，创作的、新的景观艺术，即人文景观。其实自然景观也需要人工加以完善，才符合景观美学的要求。

由石构成主景的景观，如杭州西湖的江南名石园，昆明世博园里的名花艺石园、上海龙华烈士陵园、北京圆明园西洋楼遗址、广州雕塑公园等。由石与建筑、石与植物来配景，构成的园林景观就很多了，而且成为一般园林的构景方式。除供游览的园林之外，由石配景和石饰的建筑物，如宾馆、博物馆、美术馆、社区广场、街景、城市地域标志、墓地等，大多喜欢用石体造型艺术，点缀打扮——表达出华丽、典雅、高贵的景观品质与气势。我们这本《说石构景》，将要探讨的内容，概括地说，就是围绕石体景观艺术的表现形式、审美特征、审美价值，以及审美心理、审美主客体关系等加以叙述。

石体经过艺术加工，无论是单体，还是结构成景观，它所反映给人们的意境，是一种文化。它包括人们审美观的发展，必然是社会发展的写照，同时是地区文明的史志。总之，它是此一石景所反映的社会的、地区的、民族的（族群的）历史，可以说它是用石头写出的文化史。这些文化史对推动社会进步有益，对丰富个人阅历有益，这是千百年来中华民族从衰弱走向繁荣昌盛的事实鉴证了的。

石是由矿物集合而成的物质材料，所以人们的衣、食、住、行、游、观、购等最广泛、最基本的生活行为都离不开它，只不过它表现的物质形式及性质不同罢了。为此，天下就有许多人去钻研它、爱它，甚至为它而出生入死，因石扬名和致富。难怪古人就编造出“石破惊天”，“一石激起千层浪”等名句拨弄后人。“民以食为天”，产生美食家；人类因爱食，成就食文化。能否说“人也以石为地”呢？也能产生美石家（美术工艺大师是也）和鉴宝家；进而成就石文化和今天中国千百万爱石、藏石、赏石、寻石的群体，为此一些人才过上了好日子。人爱知识产生科学家；惜时的人多了产生现代通讯……真巧合，“食、石、识、时”四个字，正好都是中国汉语shi的同一家族，可能是因石有缘。聊这些，只想说明，“石”中有文化，有学问，对建设今天和谐社会有价值——“花能解语，石无言而通灵”，石中自有“颜如玉”。我们热忱期望广大景观设计师、雕塑家、石工匠师，能为复兴中华的石景天地奉献一拳之力。

目前，我国已有国家地质公园85个（2004年），列入世界遗产名录30余处，中国历史文化名城99个，全国重点风景名胜区120处，全国文物保护单位共750处。纵观全国的景区、景点的建设，十分鼓舞人心，其中与石有关的景点和文物国宝，按国家级水准粗略衡量，占相当可观的比重，旅游文化资源十分丰富。本书选择具有代表性的80余个知名景点为内容，只是经典石景中很小的一部分。通过对它们的叙述及图片的表达，一是说明我国千百年来石景、石作艺术在人文环境变迁中占有重要地位，可谓“石垂千秋”；二是说明石景、石作艺术承载着不同时代社会历史面貌的基本烙印，以及史实贡献，见证着华夏五千年历史文明的过程和真相，可谓“石证古今”；三是说明环境景观设计，应当重视石体造型艺术的发挥和特殊作用的把握，可谓“因石造福”。这是我们编写本书的目的。

我们认为，凡以石为载体的自然山水风光；大型天然观赏石构景；园林堆石造山；不论是传统雕塑、现代雕塑、建筑石饰、还是传统的奇石欣赏；玉石、彩石美术工艺品雕刻等等小门类，都是石体景观和石体造型艺术的“共同体”。它们属于广义的石文化范畴，这是本书的“石文化”概念涉及到的内容。把它们组合在一起探讨，有助于相互交流，取长补短，共同提高与发展，符合美学上“多而统一”的艺术表现法则（见《王朝闻学术思想论集》，齐鲁书社，1989年）。这是我们为什么按这个思路编书的依据。

目前，关于景观设计的参考图书琳琅满目，以园林设计和建筑装饰设计居多。有些人认为，石景只不过是环境景观的点缀，大不了处于小品建筑的配角地位，不必用专业的眼光来审视它的重要和特殊价值。但是实践证明，许多老道的设计师，十分重视它的功能和作用，不经深思熟虑是不愿轻易“挥毫下笔”。著名建筑学家贝聿铭先生，为中国银行大厅空间点睛之作“竹石图”，曾几经易稿，终获正果，为世人称誉；造园家陈从周先生的名著《说园》中，也有许多这类论述。

《说石构景》一书，得到许多倾心石景艺术的专家关注和支持，周武忠教授在序文中，对石景景观艺术的分析，颇有见地，对读者定有教益。书法家李贺林先生题签书名，为本书增艺添彩，我们均在此表示衷心的谢意。

我们本着“抛石引玉”的愿望去做，是因为书中选择的对象（景观）大多是国家经典、珍贵的实景。缺憾的可能是我们表达不够充分。如果对景观设计师能有所裨益，同时对广大爱石者的观景赏石活动有些帮助，我们就心满意足了。由于时间仓促，经验有限，存在的错误和缺点，多请专家与读者指正。

编者

2006年6月

目录

走进新石代　　品味石文化

走近新时代　品味石文化

一、石道因缘

——”石既无言更可人“

石道因缘　　石道因缘

石道因缘

石，作为地球上的构成物质，当是大自然给予人类最丰厚、最珍贵的恩赐。华夏石文化经历几千年的积淀，已经写就了一部从石器时代到当今信息时代文明进程的光辉史书！

地球上的人类生活在其表面的大气、岩石、水和生物圈系统中，石成为我们赖以生存的，衣食住行不可缺的物质资源之一。人类从抛石击兽，击石取火，到冶铜炼铁……开启了人类文明的里程碑——从某种角度说，石是人类生存之根，发展进化之源。

语言和文字使用量的多少，与它相联系的事物是否密切有关。以石为偏旁的汉语文字就有200多个，与石字相连的词或成语无计其数。我国四大古典文学名著中，就有三部托石为书。《红楼梦》（也称《石头记》，英文译为《石头的故事》）书中的石头是女娲补天遗弃的一块五彩石，贾宝玉第一次见到林黛玉引发的亲切感，暗示“两玉”相互之间早因石有缘。《西游记》中神奇的孙悟空，是从仙石里蹦裂出来的石猴变成的。《水浒传》中讲“石碣天书”，一百单八将与石有关。自古以来，描写山水石景的诗赋；以石传情的戏剧；用石雕塑的文人武将；刻石纪史的碑碣；琢玉雕石成国宝的工艺品……为什么它们的命运都与石紧密相连呢？

当今，在人们生活环境中，好像没有奇峰异石相伴就缺少了自然景观；没有了石材装饰就少了富丽堂煌的建筑；没有珠光宝石的服饰，女性时尚就失去了光彩……这又为什么？为什么人的这双眼睛产生的视觉功能，能有如此众多、美妙、千变万化的景物，给大脑提供如此丰富的信息，我赞成一位学者的见解——人与石存在着永恒的宿缘。从美学意义上说，观赏景物的人是审美主体，石作艺术品（包括有一定艺术品位的自然石）是审美的客体，它们之间构成的审美关系，是人类对物质、生理和精神欲望的本能的诉求，是人们追求真、善、美纯情的一种期盼——构成了两者之间的石道因缘！

人物华天宝情

——石头，大自然给予人类的无偿恩赐

人为什么对石有这样富于情感的认识？原因在于地球上的陆地，占其总表面的三分之一，大多数又是由质地比较坚硬的石头构成。

根据它们生成的原因不同，岩石大致可分为三类：岩浆岩（火成岩）、沉积岩和变质岩。其中沉积岩大约占地表的四分之三，中国占的比例高达77%。由此我们可以说，岩石是人类赖以生存的地球上的主要物质——利用量最大的资源。岩石是地球的骨架，没有岩石就没有地球。

我们不论走到哪里，总会看到大山、丘陵、盆地、平原、河湖和海滨等大尺度的地质特征，为我们认识自然提供了大背景。

在地质构造过程中，地壳经过千百万年的像水流、风力、冰川等自然外力和地球内力的作用，地层变成具有不同褶皱、断裂、纹理、颜色的小尺度地貌。这部分地貌是构成人们特别喜欢观赏，具有形象美——雄伟、秀美、奇特、险峻、幽静的主要自然特征。

[1] 天然成趣

——山石自然风景的构景奇观

景观形态是引起人们视觉注意力的中心，可以说是形成美的印象的第一要素。由于山石地貌形态构成比树木、水流和建筑物等形态物质体量大、组合面多、线条丰富、变化韵律突出——刚劲粗犷或秀丽柔美，具有深刻的感染力，使得人们逐渐从实际体验中总结出“雄、奇、秀、峻、幽”等审美特征。当你走进一个新的景点，突入眼帘的山石景象，总会让人惊讶，赞美不止！

(1) 寰中绝胜

——浙江·乐清·雁荡山

雁荡山以山奇水秀驰名中外，获“东南第一山”美称。山体是以流纹岩为主的火成岩，岩体裸露，地面溶谷、峰林众多。山因“岗顶有湖，芦苇丛生，结草为荡，秋雁宿之”而得名。八大景区，其中灵峰、灵岩和大龙湫三处景观被称为“雁荡三绝”。

灵峰夜景尤为迷人，灵岩壁立云霄与天柱峰、展旗峰相对如门，称南天门。大龙湫瀑布高190米，白练从天而降，景象十分壮观，为全国罕见。风景可用“峰、洞、岩、石、瀑、泉、门、嶂”称胜。走遍全国名山大川的游客，无不称颂雁荡山为全国名山景观之总合矣！

1

2

3

4

7

8

5

1.一位“仙人”在审视人们心目中的剪刀峰和合掌峰

2.人景区不远就看到了“剪刀峰”，可算是雁荡山的标志性奇峰，好心的游客称它是“母子峰、情侣峰”

3.“一帆峰”祝游客行程一路顺风

4.“三熊峰”三熊依依不舍

5.“展旗峰”，是否没找好角度，似乎有点不像

6.“雄狮”守望

7.“啄木鸟”，导游员如是说

8. 观音坐山颠，游人走索道

9.“五指峰”

10.“岩立偏多人鸟兽，泉飞莫辨雾云烟”

6

9

10

11.“忘归亭”（石材所造）

12.徐霞客曾三游雁荡山，对该地山水有重要叙述

13～15.大龙湫瀑布壁上的刻石文字给游人增添不少情趣

16.锦绣农田里的“蛤蟆峰”

(2) 峰林叠嶂

——云南·石林

石林胜境名扬中外，但作为旅游景点公诸于众，那是20世纪30年代的事情，要归功于知名人士杨春洲先生首次批露。石林为喀斯特地貌，迄今已有两亿多年，原来的汪洋大海，沉积了厚厚的石灰质。约200万年以前，经地质构造活动，岩石露出地面，再经水流侵蚀、风雨剥蚀，形成今天千姿百态的柱状、剑状的石林，成为“天下第一奇观”。景区面积达260多平方千米，“石林”就占去三分之一，其间，山、峰、剑、池、瀑布等有数百处之多。

1.许多景区喜欢冠以“天下第一”，作为石林，它确实是世界第一奇观，唯一能与它媲美的只有欧洲阿尔卑斯山的石林而已

2.剑峰林立

3.柱状造型

4.相映生辉——全区石景为纯灰白色，人文景观中是难以做到的

5.大自然的造化，留给人无限的想象，像阿诗玛、望夫石，或是老鼠登台……

3

1

4

2

5

(3) 山碧玉簪

——广西·桂林·阳朔

桂林自然景观与人文景观丰富多彩，许多景点似乎都可作为桂林的山水标志，习惯以“三山两洞”为代表。三山为伏波山、叠彩山和象山；两洞是七星岩和芦笛岩。其余的山山水水，也都独领风骚。“象山水月”毕竟是首屈一指的好代表。由于历史悠久，桂林山水已很难分出哪些是纯人文景观，哪些是自然景观了，两者的融合说明中国园林景观有很高的艺术表现力。人文景观在设计时，如果脱离自然现实与传统风格，单纯追求时尚，搞得眼花缭乱，最终游人会感到不舒服。

说到桂林山水，已经不只是原来那些知名的景点了，现在已开发出漓江水系、大榕树、月亮山、阳朔公园等新景区，给老景点注入了新的活力。

1. 七星公园骆驼山之美是永恒的

2. 漓江畔处处是依山而立的凤尾竹，好像是一幅价值不菲的油画作品

3. “象山水月”既然是桂林山水的代表作，就不能少了它的形象

4. “石门阙”是近几年开辟的新景区，真有气魄

5. 月亮山的月亮，移步一月，从初一看到十五满月

(4) 海角天涯

——海南·三亚海滨

海南三亚海滨是以海滨滩礁为主要景观的风景区。岸边花岗岩礁石，经海蚀形成神奇怪石，受海水冲击白浪翻花，与金色的沙滩、蔚蓝的海水、摇曳的椰林、星星点点的渔船构成了沿海天际线展开的风景画面，无不使人流连忘返。

1.导游人员天天重复的故事——鹿回头

2.祖国的最南端，大礁石——三亚地标：天涯海角

3.嬉戏玩耍的石象，也为游人增添许多乐趣

4.巨石似一头大象躺卧在海边

5.礁石挺立像一只只小帆，随波浪在晃动

(5) 虎跳江石

——云南·丽江·虎跳峡

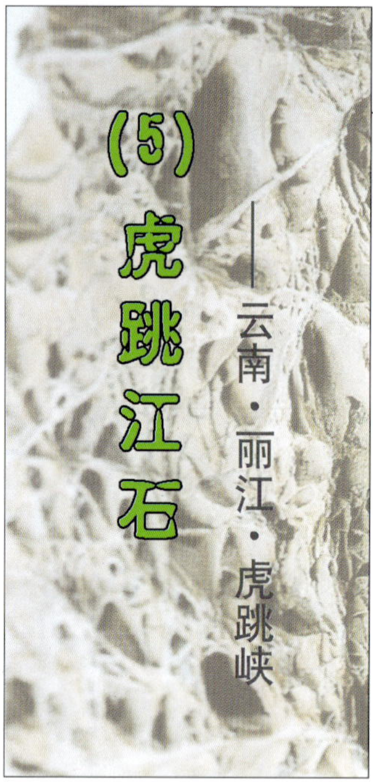

1

3

虎跳峡地处云南丽江西北，位于玉龙雪山与哈巴雪山之间，峡谷迂回曲折，最窄处仅30余米，长约20千米，是世界上最深的峡谷之一，纵深达3 000米，形成了“万仞绝壁万马奔，一线天盖一线江”的世界景观。

4

1.虎跳峡地处长江上游

2.从远处眺望，玉龙雪总是白云缭绕，终年积雪

3、4.虎跳石堵截江水，形成气势磅礴的巨浪宣泄而下，地动山摇，人生很难遇到如此强烈的震撼

5.哈巴雪山寂静、晶亮，永远是一种年轻模样

2

5

(6) 海天佛国

——浙江·舟山·普陀山

普陀山——我国佛教四大名山之一。四面环海，风光明媚，景色绚丽，幽雅宜人。自然景观以石为胜，传奇色彩浓厚。大石头谁没见过？普陀山石景群20余处，只有亲自去领略这些禅石的魅力，才能了却到此一游的夙愿，不去看看好像这辈子都对不起观音菩萨似的。

1. 山南碧海，相传观音看此风景秀美，不肯东渡而留下度人
2. 磐陀石，游客问为何石字多了一点
3. 金刚宝石，这明明白白是块大粗石，怎么算宝石
4. 二龟听法石，相传二龟受龙王差使，到此探听观音讲经，入迷忘了归期，遂化为石
5. 心字石，石山可容百人打坐，相传观音曾在此讲述“心经”
6. 观音到底在此讲过经吗？这里有许多听不完的神奇故事

(7) 九曲溪峰

——福建·武夷山

2

3

1

4

自古至今传颂武夷山九曲三十六峰，兼有黄山之奇、桂林之秀、西湖之美、泰山之雄，仿佛是天然画卷。三十六峰，峰峰与九曲交相辉映。峡谷中“茶中之王”——大红袍，成品味佳，久久余味未尽。

九曲溪，曲曲如画，摄人魂魄。一曲大王峰，巍巍威武；二曲玉女峰，娇娆娟秀；三曲悬棺高居，千古奇观；四曲大藏峰，横空出世；五曲平林滩，苍屏突起；六曲老鸦滩，天游最美；七曲獭控滩，武夷之颠；八曲芙蓉滩，天水一色；九曲收观，流连忘返。众多摩崖刻石和介绍景点的石碑，加深了游人对武夷山的了解。

1．武夷山标志碑

2、3．大王峰与玉女峰相望而立，只隔一曲之遥。但大多游人仍然视它们为武夷山真正的标志，给武夷山赋予更多的人文色彩

4．飞来石的形成不知经历了多少岁月和磨难

5．五曲临靠天游峰，只有登上峰顶才能将五曲溪水和附近的双乳峰、七龄拜观音等胜景一览无遗

5

6.双乳峰雄伟壮观

7.鹰嘴岩，雄鹰正展翅欲飞

8.倒水坑，因峡谷水流与溪水走向相反故名

9.“茶中之王”的图腾石柱及山岩上的老茶园，给人带来了神秘的色彩

10.园林管理者不会忘记营造“大红袍”，为美景添香增色

11.章堂涧大峡谷是丹霞地貌的典型代表，铭碑之后就是有名的晒布岩，犹如百丈白绢垂晒在山岩上

13.古崖居天车架，有许多真实的故事让人激动

14.水帘洞，形似一个巨大的天坑，岩壁光滑，雨季才有水流从山顶流下形成水帘

15.山水奇观就从一曲开始

18.登上天游峰880级石阶，似有游天下美景之感

19.弥勒佛从不感到寂寞

20.风洞和一线天是武夷山胜景之一

12、16、17、21.桃源洞刻石：如南山之寿……其他刻石也很多，整个景区刻石约400处，名扬全国

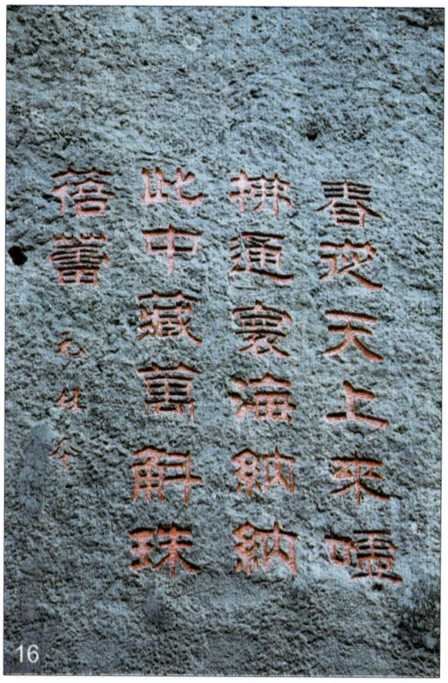

17

18

19

20

21

（8）山水画源

——湖南·张家界

2

1

张家界位于湖南西北，为石英砂岩峰林及原始森林的生态环境，总面积264平方千米，境内奇峰林立，怪石嶙峋，林木密茂，溶洞群布，沟壑纵横，被中外游客誉为“大自然的迷宫”，“中国山水画的原本”。峰林如塔，在人们的想象中，景点很难统一一个称呼，但形成“武陵之魂”、“百里画廊”、“天桥遗址”、“前花园”、“烽火台”等景观名称也是符合实际的。

在观景方面，旅游管理部门设想和安排了许多办法，如搭桥将观景点伸入到悬崖外，游人看到的范围已经不止180°，而是身临山水的拥抱之中。鼓励游人步行游览，有山顶道路，也有沟谷线路；有远景，也有

4

3

近景，整个风景区分割成几个区域单元，少了许多重复的线路，节省了时间和体力，成为中外游客近年来首选的风景名胜之一。原来人们常说："去过黄山不看别的山"，此言随时代也在改变了，不信你就亲自体验一番。

1. 张家界碑石及群峰大景观，夺人眼目

2. 中国山水画的原本——云雾缭绕的十里画廊

3. 张家界除"奇、壮、幽"之外，水也是美的——红岩碧水的紫草潭

4. 自然山水移墨是中国山水画之本

5. 实在难得"千里相会"

6、8. 水流侵蚀下切，使山峰之间沟谷相连，构成似通天的大河

5

6

8

7.“天桥遗址”——人的丰富想象力，大自然的壮美造化

9、12、14.数十米高的石柱，下细、中间粗，犹如栽在“前花园”中的一株奇花

10.“将军”威武地统帅着武陵源的千山万水

11.玉瓶峰是岩石节理地貌的典型“代言人”

10

11

9

13.索溪峪清澈洁净的水景

14.似山水国画，又像西方油画的玉瓶神韵

15.又一幅美丽的天然图画

[2] 宛若天成

——大型天然观赏石人工造景的智慧

人们在自然景观环境中，学习、体验到许多人与石相处的乐趣，经过长期的文化积淀，特别是美学理论和相关评论的推动，促进了人们对环境美的认识和探索，形成以观赏者与观赏石之间的审美关系，出现了文化现象中特有的分支——华夏石文化。

自然界形成的具有一定审美价值的大（中）型天然石体，移置到人文景观的营造中，如大型观赏石艺石园建设，配置到花木园林中构景，也可以作为建筑小品或是公开展示场地配景之用，增添一种融入自然、典雅、朴实的文化氛围。

自然界这些野性十足的石头变成“家养”之后，在人文景观中溢流着山野的自然气息，不为人意雕琢的天然表象，似像非像、似真非真、似动非动，可心如意的奇石，给人们的生活带来了其他景物无法替代的情趣。

我们国家地质构造复杂、多样，形成了丰富的自然石资源，如传统的名石：太湖石、灵璧石、黄石、钟乳石、英石、大理石、雨花石等。近二三十年来，中国赏石、找石、集石已经形成了专业行业组织，促进了观赏石文化的发展和地区经济的改善，对提高园林知名度和景观效果起了很好的作用。

将这类众多的奇石分类整理、陈列展示也能构成珠光宝气十足的另类宝石展览。以河流为产地命名的有黄河石、三峡石、红水河石、汉江石、泾河石、黑河石等。以山名为产地命名的有崂山绿石、秦岭石、峨嵋石、泰山石、祁连石等。以色彩和质地命名的有黄蜡石、临朐彩石、福山梅石、菊花石、昆仑彩石、彩陶石，以及多种生物化石等。

1

5

6

4

3

2

7

8

1～3.青莲朵、绘月、搴芝等三件巨石，为北京中山公园名石，原来由江南移运到北京圆明园，八国联军毁园所剩不多的几件遗物，石面斑驳是为历史的见证。乾隆“青莲朵”诗：化石玲珑佛钵花，雅宜旁置绿蕉芽。皇山峭透房山壮，兼美端堪傲米家

4～8.这五件巨石的来源也不简单，为北京颐和园仁寿殿院内的主景石，另有名贵古树配景，其中图4为仁寿门影壁式石景——老寿星和小孙子；图5为春之峰；图6为夏之峰；图7为秋之峰；图8为冬之峰。四峰合意四季平安乐寿

9

10

13

9.江南四大名石之三：绉云峰（杭州），高2.6米

10.江南四大名石之二：玉玲珑（上海），高3.5米

11.江南四大名石之四：瑞云峰（苏州），高5.12米

12.江南四大名石之一：冠云峰（苏州），高6.5米

13.北京北海昆仑石，乾隆题字，背面有题诗写景：

“飞阁流丹切颢空，登临纵目兴无穷。

北凭太液平铺镜，南接金鳌侧饮虹。

冬已半时梅馥馥，春将回处日融融。

摩挲艮岳峰头石，千古兴亡一览中。”

此诗首联写北海观景，颈联写山水之景，腰联写冬春之景，尾联是评史

14.绍兴沈园东园山石水景

15.北京北海静心斋亭、榭、桥配假山

16.苏州网师园蘑菇状假山

17.杭州花圃“芦伴三友”

18.南京瞻园南园假山

14

15

11

12

17

16

18

[3] 奇石独韵

——人与天然观赏石含情脉脉的对话

自然石中个体较小，形状、质地、色彩、意境特殊的观赏石，作为第三种石类来认识，具有特殊的审美价值。

过去，对于中、小型观赏石（一般称“奇石”），主要作为文人雅士私家收藏，修身养性，休闲自娱，品种、数量、场地都有限。近二三十年，由于社会结构的变化，人们经济、文化水平得到提高，藏石赏石之风已经扩展到广大民间百姓家中。观赏品位提高，审美观念、审美趣向有新的见树，出现像美学家王朝闻先生的《石道因缘》巨作，足以说明赏石文化，必定会在新的审美氛围中得到充实和提高。

当今经济与文化形势下，出现奇石陈列馆和博物馆，以及家庭厅堂公开的展示环境与时尚消费结合起来，从环境艺术的角度理解，不能不说也是一种新的艺术构景形式，是一种社会文明进步的创意。

从科学发现与普及的角度来看，除对观赏石的欣赏玩味之外，揭示地学奥秘，普及地球环保知识，也有深层次的科学价值。最近，国际地质学与气象学专家，联合对岩洞中钟乳石的研究表明，钟乳石的形成过程与地球古气候变迁密切相关。现在许多地质人员参加到这个队伍里来，协助赏石者科学地探索奇石奥秘，必定会促进赏石艺术更健康的发展。（本专题图片由2005年“北京亚太地区盆景奇石展”提供场景拍摄，特致谢意。）

1

流失

2

傲峰神韵／张文国

溢水石

青山叠翠／济南赏石协会

3

4

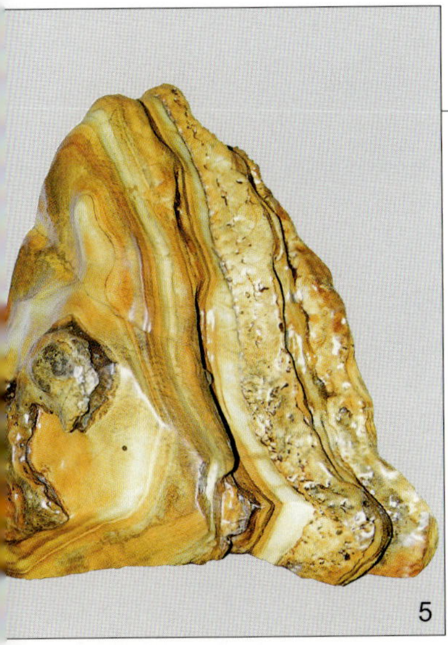
美人醉／王伊敏

天际流／王新

舞
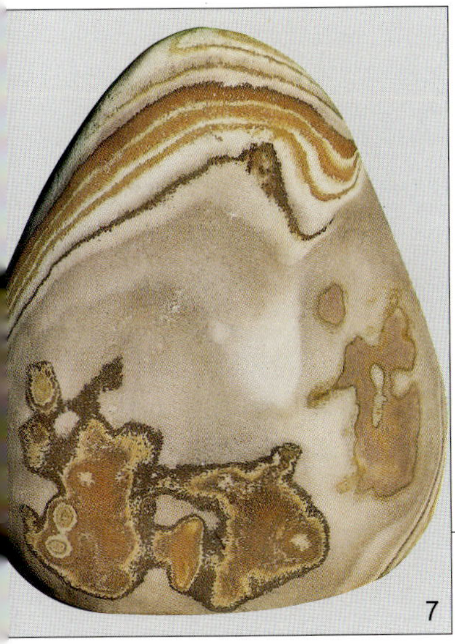

晚秋／柳州赏石协会

日照

吉祥富贵

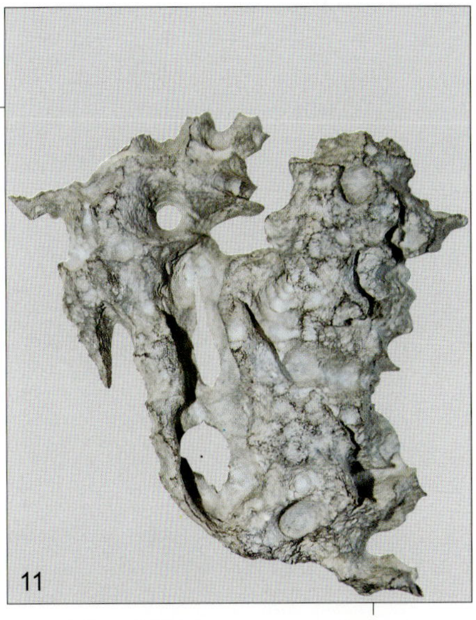
情趣／曲声宏

菊（1）
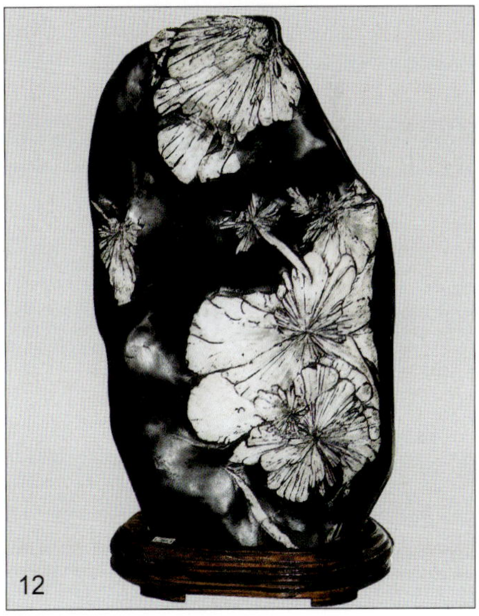

菊（2）

14
月明照九州

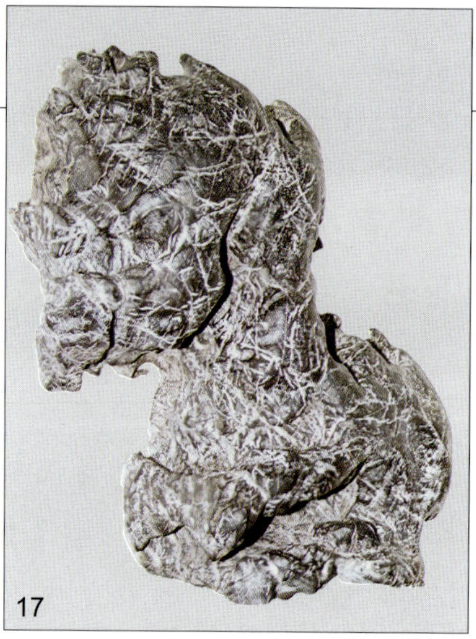
17
四不像／单祥兰

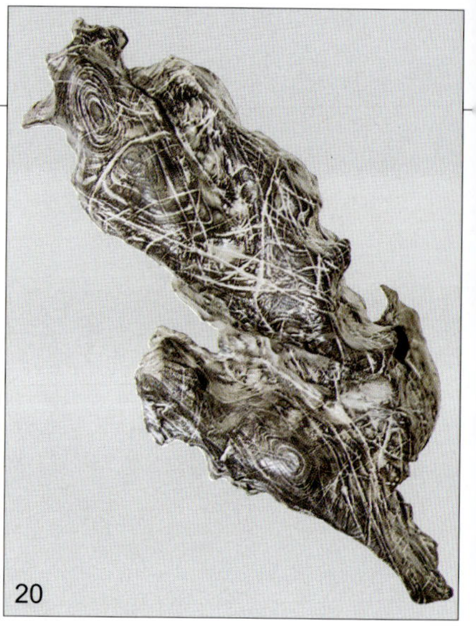
20
报喜鸟／林青

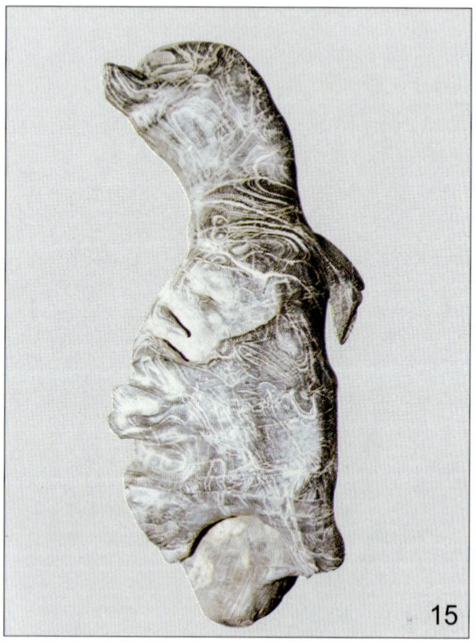
15
南极来客／青岛根石盆景协会

18
塔

21
印／北京植物园盆景区

白石笔意——虾／刘宗仁

16

心／青岛根石盆景协会

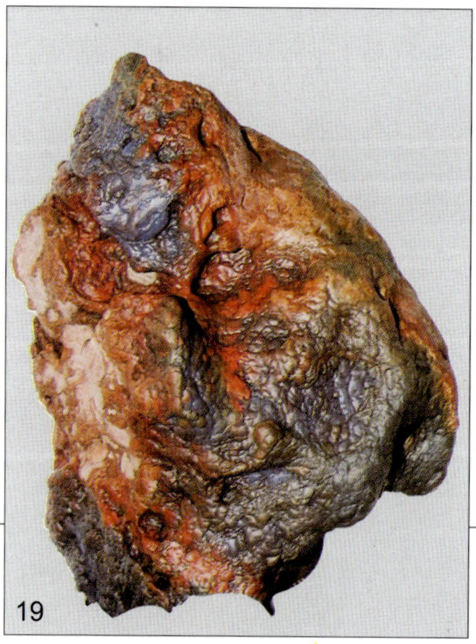
19

裂

22

23 国石风采／韩广泛

24 陕北田塬

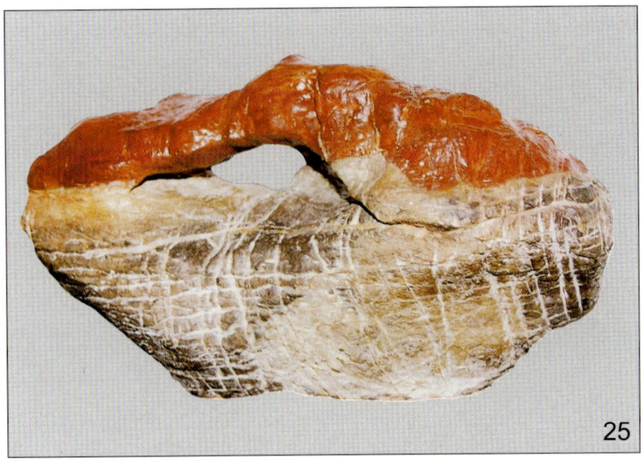
25 财富／王永

26 奔驰／北京植物园盆景区

27 雪梅

28 石宴（1） 注：均用色、形、质像食物的石头组成

石宴（2）

29

蔚竹鸣泉／宋京明

30

建筑 · 健美与活力

因石悟道

——有感于王朝闻的《石道因缘》

石头美，为什么美？美在哪里？不同的人，对同一观赏石的看法可能不同或相近，甚至相反，这又为什么？许多人议来议去，像这像那，在混沌中走不出来。这是一般赏石者中存在的普遍现象。

六年前，美学评论家王朝闻先生，根据自己对观赏石的学术探讨，写就赏石者欢迎的论著《石道因缘》一书（浙江人民美术出版社出版），因为"生正逢时"——全国赏石活动高潮兴起，给赏石者提供了许多新鲜的见解。

在石文化中，对各种具备一定观赏价值的石头的学术名称一直没有订正过，诸如奇石、雅石、美石、禅石等都按传统习惯沿用至今。王先生慎重研究后，不论各石种的形状、色彩、纹样、质地、成因、大小、产地不同，概冠以"观赏石"。这样做得到众多赏石界人士的认同。

为什么我们的石文化活动很有起色，而学术思想、学术评论及水平，滞后于群众的实践呢？王先生指出，有些赏石者混淆了观赏石的艺术"性"与人为创作的艺术"品"的差异。观赏石的美，在于观赏主体（人）对它美的发现，而不是创作。观赏石不"拥有创造艺术美的自由和自主"。就是说，观赏者赏石时的心理状况、感情色彩等不确定因素，就可能对赏石施以较多的外在影响（个人主观看法），产生众说纷纭也就不足为奇了。王先生在《审美心态》的著述中详细地阐述了这个问题。

目前赏石文化活动，在经济效益的趋势下，赏石群体的审美趣味、审美个性、审美素养和审美活动的环境，对观赏石评价的真实程度、客观性起着深刻影响。主客观条件的变化，始终存在于复杂的个人思维与行为中。当然王先生并不企盼只有一家之言，而是探索合理性更多一些。

针对目前广大赏石者的状况，王先生在《石道因缘》中，全面解说了人与石的审美关系 、审美特征、审美素养涉及的许多难题，以及解决这些矛盾的认识过程，就如王先生倾心与你讲故事一般有趣。实践王先生"石居人外，人在石中；相击相和，创造对方"的教诲，一定会在赏石活动中受益匪浅。

一、视觉的震撼

——石饰建筑与石雕艺术的魅力

自然风景环境之美能激起人们愉悦之情，甚至是震撼人心的惊险经历，除山水风景最重要的特征——雄、秀、奇、险、幽等形象美之外，同时还受到色彩美、动态美、朦胧美等因素的综合影响，主要是通过人的具体体验直接获取。

人对人文景观认知过程、深刻程度，以及心理素质对客体审美关系的作用，那就复杂多了。作为环境景观设计人员（也包括园林管理和维护人员），要使我们提供给游人观赏的对象与游人产生共鸣，那首先要能让自己所爱，有充分的理由让游人分享，这是件极不容易的事情！

这一节，我们还是先谈谈人们对人文景观中的石景（建筑石景、雕塑石景等）的体验认知，到下一节：二、石艺精魂，进一步再从理性角度，了解石文化方面的一些深层问题。

[1] 美在表现

——建筑是首美妙的哲理诗

1

“宅者人之本。人因宅而立，宅因人得存。人宅相扶，感天动地。”这三句话是《黄帝宅经》一书中的经典之言，学者赵鑫珊先生认为：“这条正宗的中国建筑哲学链是天下第一首建筑哲理诗……”这真是赵先生感人肺腑的悟道。正因如此“感天动地”，促使我往“建筑景观表现什么？”的话题多作些思考。

无论中国传统建筑、西方古典建筑，还是现代建筑，都源自一个共同的祖先——宅。由宅最原始的点线面体，造就出当今世界文明的颠峰——人文景观中要数建筑美是最出类拔萃的了。

建筑美，美在它的形象表现力，它的审美特征出奇地与自然山水形象美——“雄、奇、秀、险、幽”如此相似，可以说是同出一辙，太微妙了。

人的创造力与自然力相比，有更多形式的表现和表达方式，有更深层次的人文价值。从结构物质而言，现代建筑造型艺术使用的天然石材、石料相对要少，合成材料较多。但是迄今仍占重要地位。为什么？因为石美，“石既无言更可人”。

2

3

5

4

1.从厦门鼓浪屿了望城市建筑的朦胧美

2.这张北京故宫内金水桥的全景图片，突现了桥体、石栏的表现张力，同时也敬佩摄影者的观察力（未能查到摄影人的姓名，特此致谢）

3.用不锈钢材构成的上海浦东新东方广场的标志物——日晷，其设计思想是取用了中国古老的石计时仪的造型

4、5.浦东新区现代建筑，如雨后春笋拔地而起，全国各地也是如此。建筑形式、结构、用材改变着人们砖、石、木的传统观念。石材用量在减少，但用得更精细、更漂亮了，永远与其他材料相辅而行

6.北京有名的“城市饭店”，雪白的墙体，犹如一尊高耸入云的雕塑——无声地打破了四合院往日的宁静与平淡

7.广州澳门大桥，虽然是钢架桥，但还是不忘模拟传统石结构板桥的风格

8.上海街区的建筑表现力就是如此透彻

6

7

8

13.大连日式住宅的建筑，融入西方风格更多一些，也很别致

14.中西合璧的建筑风格表现的美，已出现在新北京的社区

9、10.新北京四合院——京味建筑美的所在

11.广州陈家祠石栏板，采用铸铁花草纹板，其余为青石镂空雕花，这样的用材和形式在全国也很少见到

12.大连星海公园广场，大气的建筑，和谐的色彩，小品的清秀，表现颇具匠意

15. 北京郊区的一个度假村小景，白色石桥的表现力是永恒的

16. 这是天力与人力合一的表现吧

17. 广州西汉南越王博物馆，采用岭南特色石材及壁画风格展现历史面貌

18. 昆明云南民族村大理白族地域的标志——三塔

19. 昆明世博园中国馆主体建筑，以白色线体勾勒框架轮廓，显得爽朗明快，符合展馆使用环境的审美要求

20. 广州街区水石景观，减弱了高楼大厦的压抑感

[2] 雕塑(雕刻)之美

——石材基质是造型艺术之魂

1

石雕石刻作为一种坚实、朴实、厚重为特点的物质材料,它通过三维空间的造型形式,成为人文景观中的艺术品。它表现着历史和时代、文化与艺术、艺术家与民众赋予的某种意愿和情感。人们通过主题形象化的语言,去再现和深化自己的生活;或者将外部空间需要表达的主题用抽象的形式表现出来。

在人类文明进程的长河中,人们总是既向前看又向后瞻,表达着奋进创新与传承历史的艺术规律。无论什么流派的雕塑,都有人偏爱、反对或两者兼有,这不足为奇!因为当代的,明天不也就成为过去了吗?再说,创新不等于抛弃传统,承传不等于不要创新。就让各种好的雕塑作品为我们的新生活注入更多的活力吧!

一件有品位的雕塑作品,犹如艺术家美好心灵的展示,观众可以借助作品本身和艺术家的眼力,细细品味它所体现的历史、社会与生活。一个短暂的观赏过程,如同一次心灵的洗礼,或者说是一次轻松的旅行、一次美的享受。

石雕作品构景题材十分广泛,人物、动物、花木、山川河流;具象与抽象;动态与静止;历史与当代;精细与粗犷;体量大与形体小等,大多数都不受石材特性的局限。

石雕作品比较容易与不同性质的文化背景相融合,如公共广场、艺术剧院、博物馆、体育馆、园林、社区和个人家居,不论作为主景或配景装点,都能起到改善环境的效果,使人感到舒适、亲切和愉快。

石雕的色彩多以白、浅灰、棕红、土黄为主调,其特征在环境中可以起到突出主题或平抑逆势环境氛围的作用,使人的审美心理处于平和、稳定的状态。由于不同时间的光照强度,色温高低有差异,石雕色彩也略有变化,使环境变得更加丰富多彩。

由于形体艺术的特性,同一作品从不同角度、距离观看,视角效果差异非常之大。远看可起点景的作用;而近看会被作品的形象和艺术感染力所吸引,令人产生深刻的印象。

由于石雕石刻能长期放置在公共场所,可能数十年不变,成为某城市的标志性建筑。容易与人们成长的经历融合在一起,成为一种莫名的、亲切的历史记忆。许多好的雕塑往往成为游人留影的背景,让人终生难忘。

2

3

左五组：一、忍辱负重，寻求复兴。二、政策开放，万马奔腾。三、“闻胜起舞”（见图片4）。四、人类平等，共存共荣（见图片2）。五、世界博爱同翔。

右五组：一、爱心普照，茁壮成长（见图片3）。二、科学发展，开拓创新（见图片1）。三、祝福献给建设者。四、丰收的喜悦。五、中华团结腾飞。

这组巨型汉白玉人工石材雕塑，主题明朗，似一首美丽动人的“青春之歌”，手法娴熟而凝练，品位高洁而典雅。这就是艺术大师赋于作品的时代精神，以及对青年一代充满美好理想的寄与

1～4．这是一组以环境景观（建筑、绿化、广场）设计的主题性装饰高浮雕群像——《和平·友谊·团结·进步》。作者是中央美术学院教授、中国著名老雕塑家王熙民和包阿华。可根据环境情况，作成如正方、长方、多边形等几种形式的组合，以适应建筑、绿化场地不同功能的构景需要。现选登10组其中的4幅图片。

4

5.《花儿》· 福建厦门万石植物园

6.《走向生活》· 广州雕塑公园

7.《惠安风韵》· 福建惠安石雕城

8.《轩辕黄帝》· 河南新郑黄帝故里

9.《海台三代人》· 福建厦门海滨

10.《茶圣》· 上海宋教仁墓园

11.《绣花女》· 北京国际雕塑园

12.《五朵金花》(局部) · 云南大理明珠广场

13.《妃子笑》· 北京国际雕塑园 · 唐大禧

14.《欲穷千里目》· 王之涣“登鹳雀楼”诗句。西安大唐芙蓉园《诗魂》

15.《求诉》· 福建武夷山

16.《龙马精神》· 北京 · 全国农业展览馆

17.《进化》· 瑞士/科特 · 什瓦格

18.《虎滩之虎》· 辽宁大连老虎滩

19.《柱》· 北京国际雕塑园 · 张松涛

20.《元大都建典》· 北京元土城遗址公园

21.《老子》· 福建泉州清源山

22.《千古风韵》· 河南洛阳龙门石窟

23.《共赏古迹》· 新西兰／约翰 · 福特

24.《吉祥物》· 缅甸／吴昂冼

25.《合二为一》· 津巴布韦／马修／羌巴

26.《养鸡女》· 四川大足石刻

27.《守护神》· 西安民俗雕塑园

[3] 小品景秀

——小品建筑，人性的空间化和凝固

大型建筑使“美的表现”达到极致；“雕塑之美”是艺术家的灵感，对人与物态高于生活的创意；备受常人看不起的小品建筑，往往在建筑、园林、家居等环境构成中，起着“画龙点睛”、提高品位、平衡空间、改善感官视觉的重要作用。所以自古就有“园无石不秀，家无石不雅”的感叹。从美学角度说，美往往蕴藏在和谐与细微之中。比如风景名胜中的牌楼、狮子、华表、石幢、假山、曲桥、台座、护栏、影壁……

装饰艺术为什么在时尚生活中受人欢迎，因为它们的使用功能、表现形式、色彩感染力方面增添了审美情趣，丰富了人们的生活。特别是石作小品艺术的质感——朴实、无华、永恒，不论在光明与暗淡的情绪中，时刻在撞击着人们的心灵！

1

2

3

4

5

6

1.这样的题材并不过时，它还是随和少儿的心意

2.广州番禺莲花山风景区，入口处的主题雕塑——莲花仙女，对景点起着开卷的作用

3.“丝绸之路”，文化主题的象征

4.五洲皆朋友（五色彩石雕）

5.北京雁栖湖景区标志

6.儒、释、道三大宗教智慧人物，也有追念的多种方式

7.上海福寿园陵园正创新走园林化之路

8.护栏应用的范围在园林中已很广泛，除功能外，装饰效果十分明显

9.扬州瘦西湖码头边，设置的石灯小品很别致

10.李冰父子治理岷江水患，为人民造福降龙伏虎的精神，受后人所崇敬，这座镇龙之碑很有创意

8

7

9

10

11

12

13

14

15

16

17

18

20

11.泰山名胜风景区的新龙柱，雄伟壮观、气势磅礴，很符合“五岳之尊”的气魄

12.四川都江堰神龟池旁的造型很特别——龙龟一体

13～15.石钟、石台、石柱的传统造型，永远是中华民族生活艺术化的象征

16～20.真狮的造型，还是不如中国化的造型生动、多样、有看头，它们惊讶、喜乐、幽默、哀伤的表情多逗人

21.北方的公园气候不利于养大象，石雕造型也很受欢迎

22.福建惠安匠师雕刻的石龟很有生气。被誉为“世界石都”之称的惠安，值得爱石者去看看

19

21

22

[4] 意匠灵气

——尽显工美大师『鬼斧神工』的技艺

传统工艺与创新主题相结合，充分发挥我国工艺美术匠师，“诗情画意”的高超艺术修养（这是东方艺术的巨大潜能），同时满足人们现代时尚的审美追求（这是华夏文明复兴的难得市场）。大量精美美术工艺品的盛出，一定会为我国石景景观的开发、创新，走出一条康庄大道。

应用高超的“因料施艺”的方法，使工艺品的题材呈现出绚丽、精美、百花齐放的造型，走出古老题材的局限。因为玉石和彩石，大多具备天然色彩和质地特征，往往石料内生成时融入某种或几种别的矿物成分，使石料增添了新的花纹和色彩，这就为工艺品主题设计提出了难度，但如果取材得当，也会为工艺品创造出自然的、逼真的光彩效果，使工艺品整体艺术价值倍增，景观效果会更好。

1.《石韵》· 寿山石（荔枝冻）／阮章振

2.《以食为天》· 寿山石（善伯洞石）／邱瑞坤

3.《醇香千里》· 寿山石（五色杜陵）／郑鸿

4.《江上垂钓》· 寿山石（善伯洞石）／刘爱珠

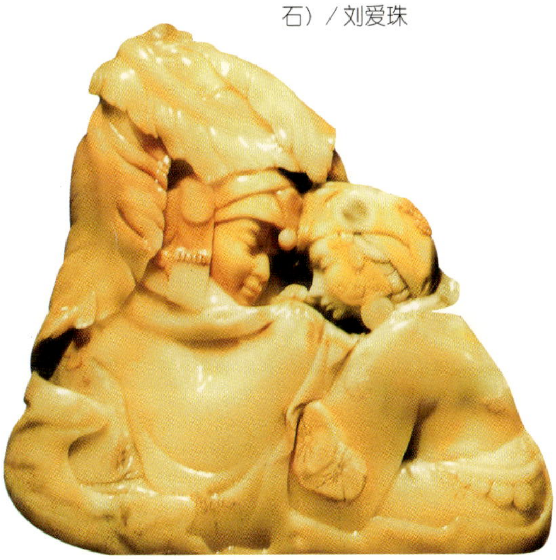

5.《此刻山花最香时》

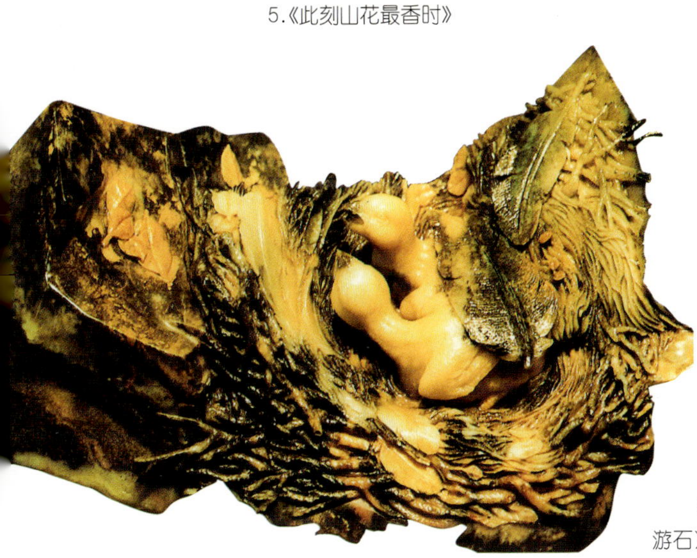

6.《新生》寿山石（仙游石）／林东

7.《护古》／林家卫

8.《玉质铁肩》／张秋土

9.《观自在》/ 金石轩公司

11.《天工开物》/ 庄文四

10.《梦的年华》/ 王小蕙

12.《黛玉葬花》/ 李军官

13.《高山仰止》/ 王荣海

14.《释迦牟尼佛立像》· 蒋惠民／大唐公司

18.《中国魂》／王经民

17.《龙——点化》／张建奎

15.《南方增长天王》· 山西黑（高12米）／大唐公司

16.《北方多闻天王》· 山西黑（高12米）／大唐公司

19.《月出惊山鸟》／董辉杰

20.《石塔》（仿山西应县木塔）／华峰盛公司

21.《沉淀中的路》／成阳

22.《风屋》／王双明／王向荣

23.《坐井观天》／庄文三

24.《岁朝清供》／苏祥波

25.《芭蕾少女》／孔武战

26.《门鼓》／蒋杰雄

27.《温馨》／王桂林

本专题图片 1—6 由福建寿山石文化艺术研究会、北京工美博物馆合作供稿；图片 7—13、17—27 由福建惠安县委宣传部合作供稿；图片 14—16 由惠安大唐公司供稿

[5]『刀』刻的文明

——独领文坛风韵的碑碣刻石

石头与人类有如此相亲的因缘，一切文明成果自然会在有石的地方留下它们的印迹，竹、绢、木、纸书写文字，而在石头上的书写，主要靠刀刻留下的特殊符号。中国自有文字开始，刻字于石上的“石鼓文”一直保存到今（藏北京故宫博物馆），清代复刻的“石鼓文”存放在北京孔庙。

随着社会经济、政治、文化的发展，刻石文化现象就延伸到多方面，并形成各自的特色，如抒情怀古的摩崖石刻；歌颂功德纪事的碑碣；追祭前人的墓志；记录宗教经文的石经；传载名人书法的法帖；记载历史故事的石画砖画；表达动物和人物活动的雕塑，以及宗教人文思想的石窟造像等，种类十分繁多。

石刻石雕艺术由于石体本身耐风化，形体较大，不易损坏，容易保存，记实性较强，至今世界上许多文明国家，保存了大量的文化遗迹。我国流传下来的这些“石档案”，对见证5000年来灿烂辉煌的历史成就，就石文化方面而论，贡献是最大的。

名胜风景区建设和园林设计，都很注重石文化的创意和造型，近二三十年来出现了一批新颖、壮观、品位较高的作品，对环境景观建设产生了重要影响。从历史的角度来审视中国5000年来的社会发展，事实证明一个道理：石文化的兴盛与沉沦，与一个国家的兴衰密切联系。汉唐盛世，创造了中国历史上石文化的鼎盛时期。现在，中国社会主义建设，进入到创新型国家、社会和谐发展的新阶段，有必要对环境景观中，重大题材的人文石景作出规划。深入探讨石景艺术的创作、设计与实施工程，以保证石文化的健康发展，造就出一批不愧是华夏大地上的、震撼世人的传世之作。

(1) 恢宏篇章

——见证华夏文明进程的历史丰碑

石碑首先是作为用具出现，经过相当长的时间，后来才转变为刻字颂扬人的功绩、品格和记载历史的功能。最早出现在汉代，以墓石文字对前人表示追悼，故“碑者，悲也”。后来就演变成如墓碑、祠堂碑、寺庙碑、纪念碑、记事碑等，并以这类碑文为主流。事实证明它们对历史是负责、真诚、认真的。凡碑刻的文字大多由著名文人撰文，优秀书法家书写，体现着他们对汉语文字美的理解，大多成为后世人们心中永存的颂歌。

1

2

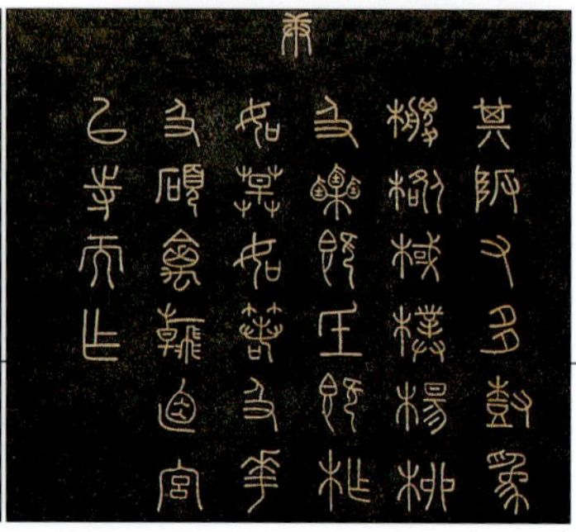

3

5

6

4

1、2.原石鼓鼓面上镌刻的文字日渐风化模糊，故清乾隆年间仿刻后置于北京文庙，共10枚，文字内容为秦帝王游猎的情景，是当今研究古代社会的珍贵资料

3、4.“华夏第一碑”，1996年出土自河南新郑黄帝故里西600米处，为古代王贵人士殡葬时下棺之用。故里碑为2002年新立

5.九鼎壁建于洛阳王城公园

6.江苏无锡锡惠公园御碑，记录了建园的情景，也能印证乾隆在北京颐和园建寄畅园的由来

7.北京石刻艺术馆藏的古代记事碑群

7

8. 北京孔庙内碑林，为元、明、清三代进士题名，共198块，镌刻着51624名进士的姓名、籍贯和名次，是研究我国科举制度的珍贵史料。图为记载清《四库全书》总编纂纪晓岚等人的石碑

9. 比干被商纣王尊为皇叔，后来事变被害，后人敬仰为忠臣。相传，孔子巡游到中原，用剑刻碑："殷比干墓"。有人认为，这是历史上孔子留下的唯一真迹

10. 残碑平卧在北京圆明园东门内，原狮子林附近拱桥边，为乾隆书题刻字，可见他对南方园林胜景的倾慕。诗题："墙界林园水作门，泛舟雅似武陵源。赢他只有渊明记，不及迂翁画卷存。"

11. 此碑镶嵌在桂林伏波山，为全国罕见的反字碑刻

12. 1925年3月11日孙中山先生留下遗言，勉励后人奋勇夺取革命胜利。碑文立于北京碧云寺中山纪念堂

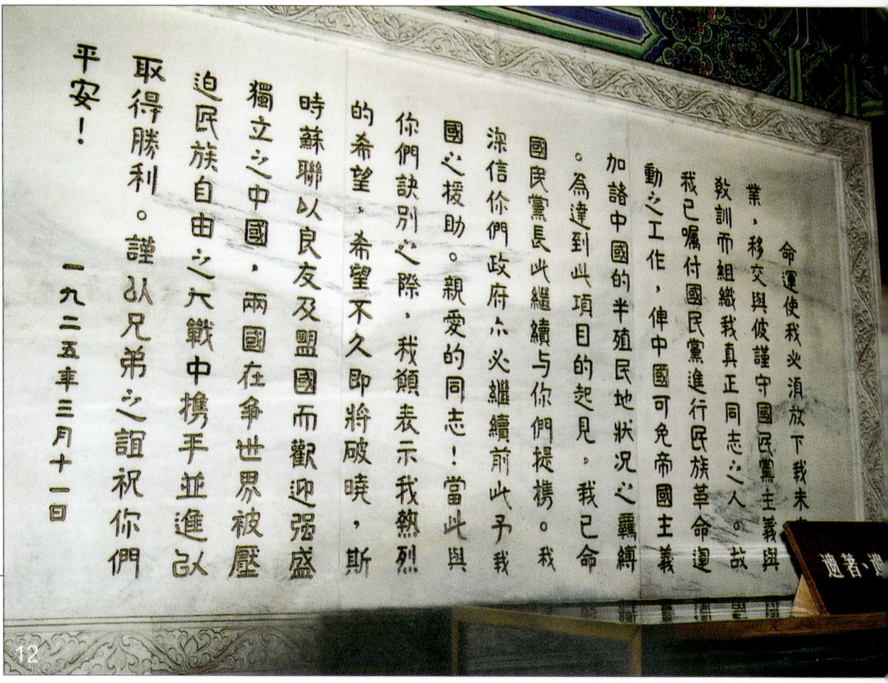

13．杭州西湖龙井茶社立碑，向游人介绍茶圣陆羽的生平事迹

14.1999年9月9日北京云居寺地藏石经版时，世界佛教领袖云集，盛况空前，中国佛教协会赵朴初先生题写回埋颂，永志纪念

15．苏东坡爱竹如爱石，竹配石已成民间造园的构景方式之一，此碑立于北京紫竹院公园

16．著名书法家沈鹏先生在海南天涯海角书题诗文抒发游情

17．广州越秀公园为斗歹徒牺牲的青年张桂扬立碑纪念，碑型古朴大方，显示张扬公德的重要

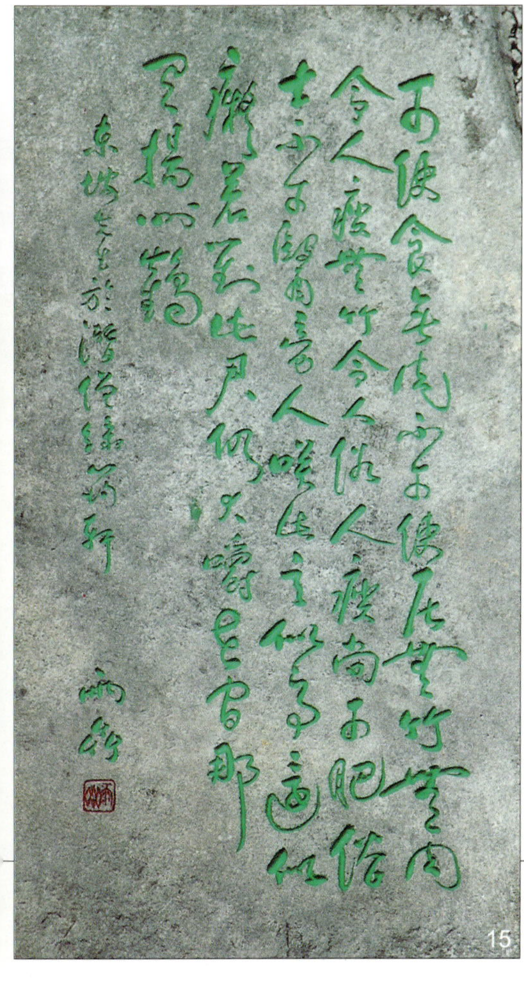

(2) 山川绝唱
——写在名山大川间的摩崖刻石

我国秦汉时代汉字石刻已经比较成熟，并首先在天然石壁以刻字记事，即摩崖刻石。最引人注目的是秦始皇一生五次远巡东部大地，共刻石七件，这一高潮的出现，一直沿袭到近代。

我国摩崖刻石景观，分散在全国各地主要风景区，不论大小，估计在数千处，大多数保存都比较完好，如陕西汉中褒城县石门地区的《石门铭》；山东泰安县泰山上的《纪泰山铭》、《经石峪摩崖》；湖南祁阳县浯溪石刻《大唐中兴颂》（四川剑阁县、资中县也有复刻）；四川涪陵的长江白鹤梁石刻等。

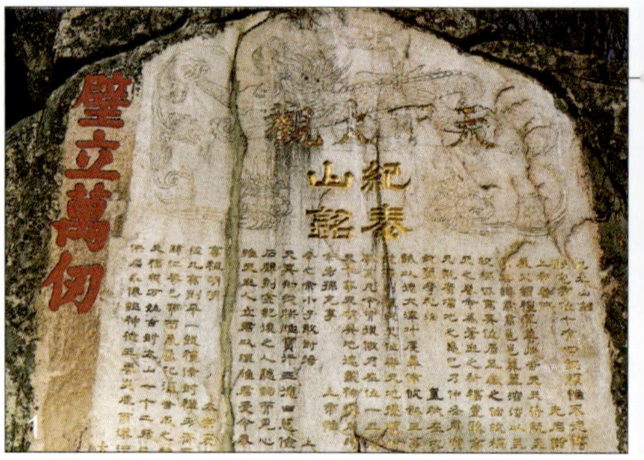

1、2.唐玄宗开元十三年（325年），登泰山封禅，书写《天下大观·纪泰山铭》，刻于岱顶石壁上。高13.3米，宽5.3米，铭文996字，每字15厘米见方，古人评说：“盖自汉已来，碑碣之雄壮，未有及者。”

3.福建泉州九日山，记载着宋到清代祈风石刻75段，反映了我国古代海上“丝绸之路”的盛况

4.广东番禺莲花山观音岩刻石《观苍海》：“踞狮子石瞰狮子洋，孰为狮子。眺虎门关谈虎门事，边固虎门。”

5.浙江绍兴柯岩风景区刻石

6.福建清源山，弘一法师墓地刻石其遗言：“悲欣交集”

7.佛（康熙御笔）

8.福建武夷山风景区天游峰题字

9.昆明世博园用多种文字镌刻的《民族之神》刻石

10.厦门日光岩，1930年蔡元培先生书题李汉青先生句

11.厦门金榜山公园内宋朱熹撰文的《金榜山记》，讲述了一位老人抛弃功名，办学育才的事迹

(3) 经典长卷

——金刚不烂，水火不畏的石经文化

在石板上刻录宗教经典名著为内容，多个历史朝代都很兴盛，但目前遗存最完整的要算近代《清石经》刻的十三部经文（现藏北京孔庙）。摩崖刻经以四川《安岳卧佛陀刻经》为代表。碑刻佛经以北京房山云居寺及石经山石经为代表。以上几处石经刻经的规模、质量、历时都超过前朝任何时期。

1～4. 山东泰山山路旁有一处题刻十分受后人重视，就是古代北齐时期镌刻的《经石峪金刚经》，原称“暴经石”，相传运经的僧人，不慎将经文落水受潮，在此石上晒经，因感动上苍而定迹，被后人称为“大字鼻祖”、“榜书宗”。它以巨大的魅力吸引着人们，受到极高的评价。金刚经全文5000余字，石刻上刻了2799字，历经1400余年风雨剥蚀，山洪冲击，现已毁损过半，仅剩41行1096字。当今文物工作者正关注保护一事。经文旁边壁上的刻石也很受参观者称赞

5～7.历代遗存于世的佛经汉字经文刻石，影响最大、经版最多的要数北京云居寺附近的石经山刻石。刻经缘起于北齐，数朝相继不断，共刻经版14278块，称得上是世界最古、最宏大的石刻图书馆

8～10.福建清源山立有老子的巨大雕像；附近用十余块花岗石镌刻《道德经》，全文5000余字，参观者甚众

(4)斫雕为朴
——功能的巧妙承传 原始与现代实用

斫音卓，砍削之意。在古朴的石碑上雕刻文字或简明的表意符号，给路人指示方向或目的地。现代社会利用这种既古远、又艺术的手法在学校、公园、剧场、展馆门前或道路侧边设置，比用牌匾显得自然而朴实。

1. 杭州花圃
2. 厦门海滨演武大桥标志
3. 厦门金榜公园标志
4. 北京八大处“中华精印谷”，印雕正门
5. 福建武夷山茶洞景点介绍
6. 清源山国家重点风景名胜区标志

7.湖南张家界世界自然遗产标志

8.张家界风景区“十里画廊”景点介绍

9.浙江杭州西子宾馆标志

10.山东泰山风景名胜区历史遗迹标志

11.山东泰山世界文化与自然遗产标志

12.北京玉渊潭公园风景点标志

(5) 书法宝典

——法帖刻石，书法入门的引路之师

这类碑刻多为著名书法家墨宝，其拓片具有供人欣赏和临摹的作用，一般石碑高约30厘米，宽60～100厘米。从古代流传至今的拓本不下数百种，它对汉字书法艺术的发展，起到了重要的推广示范作用。知名的法帖如《淳化阁帖》（宋代）、《乐善堂帖》（元代）、《停云馆帖》和《三希堂法帖》，在书法界有着深远的影响。

为方便拓帖和观赏，许多名帖都镶嵌在廊道的墙壁上。有的公园和风景名胜之地，选取一些名帖复刻在园内，专供游客欣赏，无疑对提高民众书法鉴赏水平和提高园林的知名度都有好处。

1.西安碑林胜地

2.颜真卿撰书颜氏家庙碑

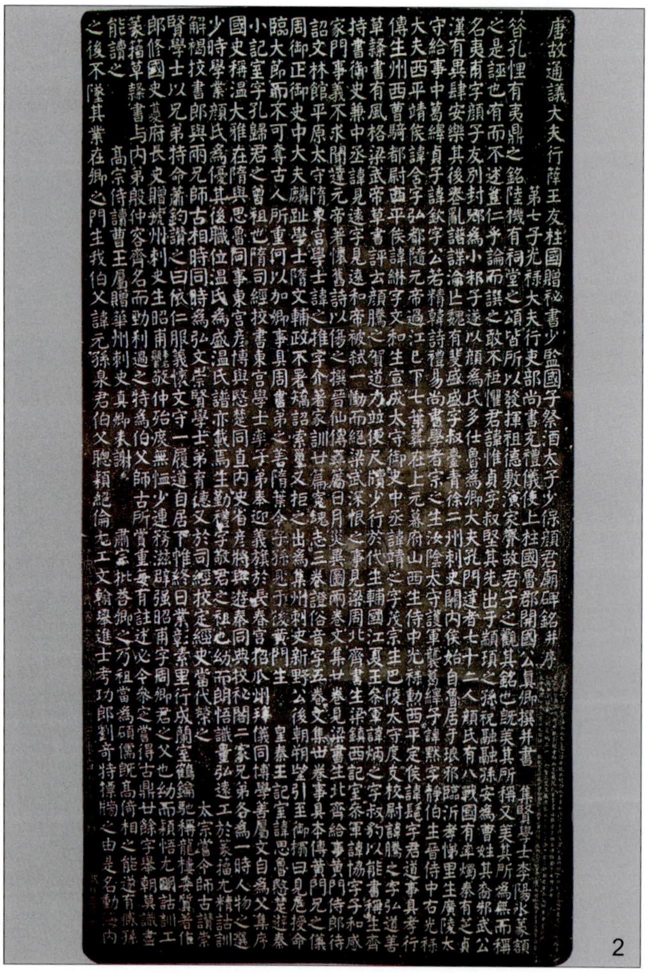

2

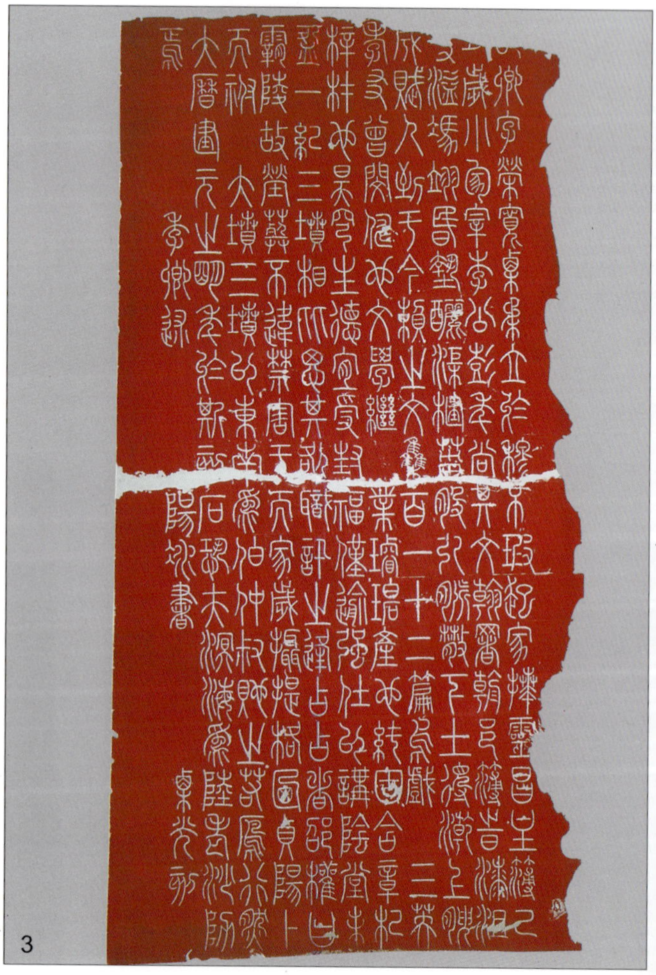

3

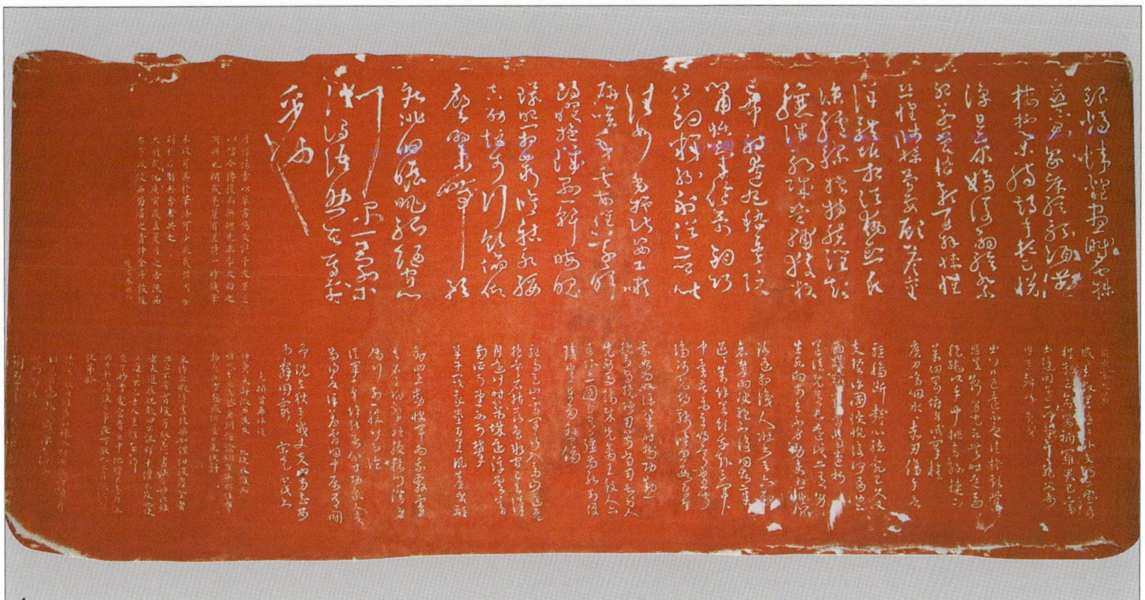
4

3.《李冰阳篆书》· 西安碑林
4.《怀素草书》· 西安碑林
5.《大唐同州圣教序碑》(局部)· 西安碑林 · 褚遂良书
6.《大唐三藏圣教序碑》(局部)· 西安碑林 · 怀仁集“王”书

5

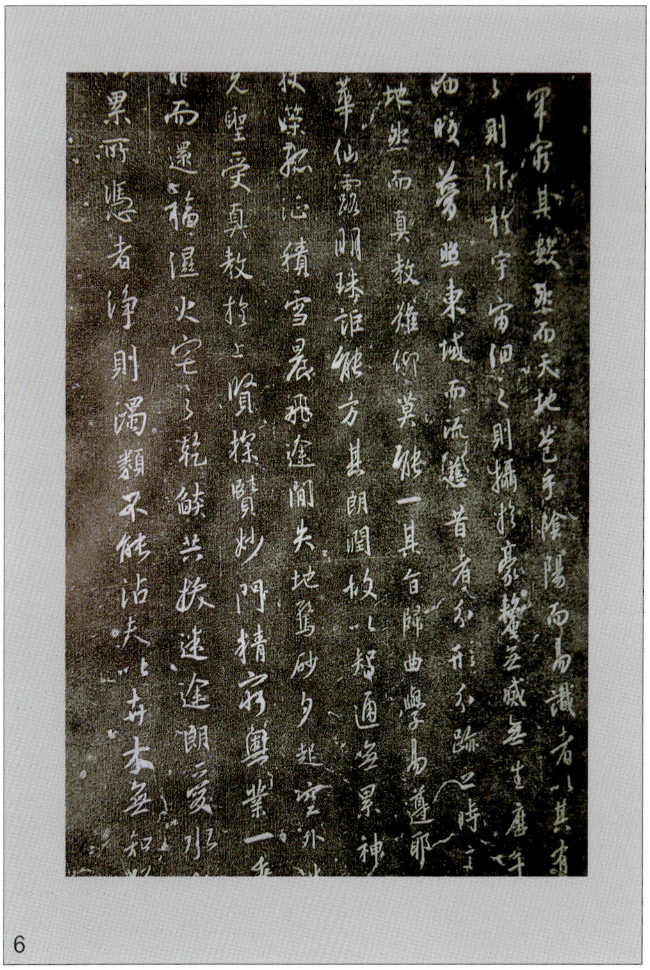
6

走进新石代　品味石文化

二、石艺精魂

——让石景艺术在景观设计中释放文化精灵

石艺精魂

石艺精魂

石藝精魂

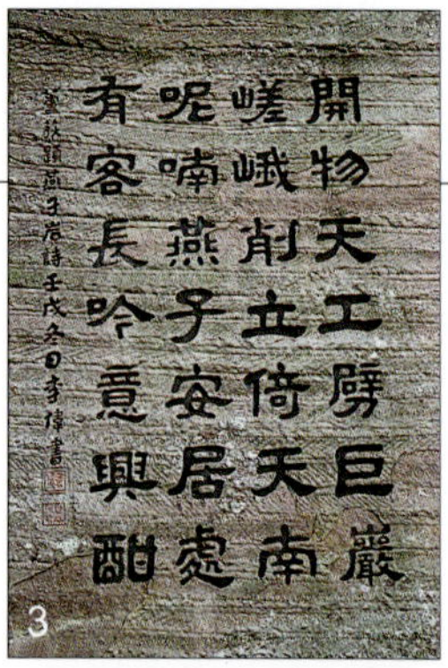

1～3. 广东番禺莲花山的山石水景，可看出设计者不同于一般山水景色的创意：雄毅与清幽交融

石元素对景观构成的影响

（1）“可贵者胆”：这是中国山水画派大师李可染先生，对艺术境界追求的指导思想之一。他提倡“敢于突破传统中的陈腐框框”。这是先生毕生艺术实践的心得。不可否认，古今中外，景观营造的基本物质形态，不外乎“山、石、水、植物和建筑”五大要素。若缺其一，终失完美。这个结论是正确的。但认识事物总要有突破点和基本功力。我们认为，认识“山、石”是决定景观地形空间骨架与地貌特征的根本。景观设计者有胆识、有慧眼去“破石之谜”，终结品尝“破石惊天”之果。一定会在规划、设计与施工中，因势利导、扬长避短，为“景上添花”受益匪浅。

（2）“所要者魂”：李先生接着指出，艺术创作要有时代精神的意境。传统造园构景，强调“诗情画意”，凡造型艺术，总体上说也是如此。例如，佛在国人的认识中，已经不是神，也是人。这样的理解是符合佛教入世说的本意。我们观察到，洛阳龙门石窟奉先寺卢舍那大佛为什么受人欣赏，因它包含了更多的、与人们审美心理相通的美学元素。现在舞台上演出 “千手观音”，节目创作抓住了古典题材在人们心中的印象，以及当今人们更多的是从造型美的角度去审视它，这就是艺术之魂，因此赢得观众的掌声。南方民间的许多石狮造型活泼可爱，比真狮有神韵。这些成功的作品，是作者的艺术精魂，赋予了作品精灵之美。

（3）石垂千古：由于石材多姿多彩，善于表现主题；具有抗腐蚀性强的特性，能长久在露天保存；有利于后人见证中国壮伟的发展历史；也方便景园管理、节省开支。上述特性和优势，为其他材质所欠缺。所以，我们提倡、关注发展石文化和石景建设。

由于我国古代石工技艺高超，大多遗存造型工艺十分精湛，中外人士评价很高。外国游客到中国热心山水、工艺美术品，戏言走进中国石头里去探宝。当今许多造型作品，题材不错，但工艺欠佳，我们有时心里深感愧对祖先。但愿能借2006年沈阳世界园艺博览园、2008年北京奥运会、2010年上海世界博览会之机起舞，实现李先生“东方既白”所希望的愿景，让中华石文化、石体艺术鹤立于东方艺术殿堂。

石作造型在景观设计中的活力

(1) 时代特征："时代特征"，这个概念指社会不同发展阶段，所反映的政治、经济、文化、艺术特点、特色和特性。如西安《丝绸之路》群雕与甘肃《丝绸之路》舞蹈史诗，主题相近，而造型表现各有特色。又如西安水幕电影《大唐追梦》、诗乐舞剧《梦回大唐》，再和当今大雁塔文化广场景观比较，都是大唐社会的主题，但作者把贞观盛世时代的文化精华揉碎、消化之后，再创作的结果。

纵观世界自然文化遗产的"历史画卷"，石作艺术造型对各国人民文化素质的提高，提供了丰富的营养，这种影响是世界性的、刻骨铭心的深刻。

(2) 含露神韵：石体艺术、石景观是一种表现唯美为艺术特色的文化现象。"露"表现主题张扬，"含"体现主题情感；"露"可能生存于瞬间，而"含"可能长久存活。"戏剧的本质正在于不同真的一样"，这句名言点明了艺术的本质特征。古代石窟造像，摩尔的现代人体艺术都是如此，具有象征性、装饰性、假定性和类型化的美学特征。

石体造型是凝固历史时空的艺术。创作过程结束，成品出世，拒之修改，去接受漫长的社会检验。永垂不朽不易，存活一二十年也不易啊！只有在艰苦的创作过程中，去克服新与旧，传统与现代生活，民族与外表的、现实与艺术的重重矛盾，使作品具备"含露神韵"之美，才能求得作品的永生。

(3) 艺用结合："天人合一"的古典美学思想，赋予石景造型艺术创作的广阔天地与精灵般的灵魂。这是中外文艺盛世的幸运。现在，社会进入市场经济时代，正负双面影响文艺发展的时代。用什么去推动创作健康的发展，我们正经历着艰难探索的课题。我们认为，"艺用结合"是现实阶段，华夏文化复兴的基本思路。中国人口多，热爱石文化，生活素质迅速提升，艺术创作人士众多，组织机构完善，为文化市场的拓展创造了良好机遇。资金投入有困难，应用"艺用结合"，为市场注入了活力。

但是，艺术规律是严肃的，可以说又是相当残酷的。社会生活环境比任何时代都好，但又是复杂变化的，有时认识不明白。需要国家从文化发展大局与艺术家携手合作，把握大方向和实施政策，制定环境景观指导原则和艺术题材项目，安排投资合理使用，促进建设事业的和谐发展。

4.菩萨表现的思维、气质与姿态，生动灵秀，可与维纳斯比美。她的笑意含蕴温婉，体现出十足的神性化气息，也体现魏晋名流的审美趣味

5.广州白云山通往广州碑林景点过厅的装饰设计，以树为主、石饰为辅的小品，自然、含蓄地与建筑相衬，亮出现代城市的韵味

6.中国新世纪的开创得益于邓小平同志的智慧和勇气

7."含露神韵"是中国艺术家对造型艺术的深刻理解

8.上海龙华烈士纪念陵园石雕，据《蝶恋花》主题创作，很有时代感

9."艺用结合"的石门柱给人带来美的享受，提升人对文明的认知

10.茶文化将"虚实相济"的情景融入了生活

11.龙柱在现代环境中，展现了古与新的和谐

12.山野趣、睡莲美、舞台新，何谓东方与西方

石构景观设计中的审美规律

根据中外石体艺术创作手法、表现形式、艺术技巧，对审美规律中比较突出的问题，作一些思考，简要归纳如下，供读者参考。

（1）虚实相济：构景材料和造型个体都是可见之物，但难点是以实为虚的处理，即化景物如情思的设计。老一辈艺术家将提高艺术素养作为终身的追求，就是这个道理。

（2）对比胜出：对于艺术的观赏者，设计人员面临"众口难调"的选择。任何事物，总是在比较中存在。艺景欣赏是一种文化享受，要求符合大多数观众"真、善、美"的审美情趣。景观设计师实际是第一个观众，你的心灵出现兴奋点，感悟出新意，灵感出窍，才能打动广大观众。现实生活优胜劣汰，要认真把握。

（3）合分聚散：一般指物质形式、群体与个体，在景观空间、相对距离、相关联系的有机组合。不协调则混乱无章，不堪入目，失去观赏价值。这是景观视觉中，最显露、最敏感的问题。初步设计中，就应当首先注意到景物的有机布局。

（4）多杂统一：一般容易将多、杂当作对立关系看待，走向两个极端——多而乱，少而单，忽视它们辩证统一的另一面。"美的形态的丰富性、因素的复杂性、过程的动态性是多；美的本质相对的单纯性、结构的整一性、规律的普遍性是一。"中国有句古话，叫"九九归一"，就是"多杂统一"最通俗的归纳。

（5）比例和谐：人文景观空间，不论大小，有一定界面。人都以常识作为认识事物的基础，所以景区内的山、水、花、木、艺术造型、建筑物等景物的大小、高矮、胖瘦、视距、主次关系，都要在设计中统一协调处理。协调之后，觉得和谐，和谐才美。微缩景观存在特殊性，高明的景区主管取园名："小人国"，而不称"世界公园"，很符合少儿的心理。

（6）意气包容：现代生活提倡时尚，以潇洒、自由和刺激为乐。景观设计需要根据不同的发展阶段，确定充足的物质内容，以及宽阔的活动空间。江南名园意境很美，仍是旅游的佳地。人们的思维已经走向世界。人口多、旅游潜力大，需要开发一些大景区、大景观、见大世面。有特色、气势大、设施先进、管理服务现代的景园，才适应社会发展需要。

现代东西方石景艺术的互动

(1) 承认异同：东方与西方文明相互碰撞又相互吸引，文化现象有着惊人的不同，走着两条不同的路。同时，它们又具有惊人的相通、相助、相辅相成。一定要说哪个好，哪个不好，无疑照搬或拼接，都行不通。雕塑作为物化了的艺术实体，千百年来走过的路子是客观的见证。

古希腊雕塑艺术代表了西方人体美的崇拜，与中国山水画代表的自然美观点，深深烙印在不同地域、不同种族、不同信仰的人们心中。近代人士逐渐将人与自然和谐的辩证关系，提高到治国齐家平天下的高度，不同人的艺术观相继沟通了，作品题材有了突破与交流。双方既保持了“基因”差异，又融合了共同理想与追求。从此打开了石景创作的新路子。如日本雕塑家空　充秋先生的叠石造型，中国观众就十分赞赏（见本书“花园牧歌”、“世纪初创”）。

(2) 走出自我：西方艺术强调表现艺术家的个性与独创，这个观点本身无可怀疑。但石景景观毕竟是一种公众艺术的展现，具备给观众鉴赏，并带来乐趣与启示的人格魅力，作者、作品与观众之心是相通的。有位教授感叹：中国艺术就是少了那一块（指欧洲文艺复兴人体艺术）。中国怎么补上这一课呢？正如李可染先生说的，“打进去，再打出来”。还是走自己的路，正似当前科技教育中的“回归”现象那样，中国艺术家生命之树才能常青。

13.我国人像雕塑，近代中国走的基本是西方写实主义与印象主义的路子。20世纪90年代青年雕塑家吴为山先生，实践中国传统“写意”文化，创作出一批人像铜铸作品，引起新老艺术家的关注和赞赏。我想，他的创意，无疑会对石雕造型产生深刻而深远的影响，从新作《似与不似之魂—齐白石》的造型上给人的印像十分难忘。详见本书“为山铸魂”一文

走进新石代　品味石文化

三、石景赏析

——名胜园林石构景观风采撷英

石景赏析　　石景赏析

石景赏析

景观研究者认为，景观特色是环境景观设计和研究的中心课题，是一个民族在特定的历史文化和特定地区经济水平的反映。从以人为本的主体角度来看，它是激起观景者认知程度和深刻性的物质条件。它受制于环境区域分异规律、文化取向、经济构成和水平的影响。在景观构成要素突出、鲜明的状态下，景观特色极易表现出来，受到观察者的关注，并产生愉悦心理的强烈反应。这就是我们为什么要用"石景赏析"比较的方式，来探讨《说石构景》主题的缘由之一。

石景或石景观构成的内容、品质与观赏效果，与景观的表现形式（形象类别），审美特征有密切的关系，但不同形式所表现的审美特征也随之而异。我们可以从"实景赏析"中得到具体的审视、鉴别与认知，以此逐渐丰富我们营造石景的运作水平与经验，这是写作这部分的缘由之二。

以往石景应用集中在园林和建筑环境中，随着我国环境景观的巨大变化，石景表现与应用的范围大大扩大，表现手法与技艺也随之多样化，题材内容也更开阔、更新颖。所以，我们将"石景赏析"的内容划分为纪念性石景、文化遗产石景、民间传统石景、城市广场石景、主题石景园、墓园石景等部分来叙述。如此划分，仅以方便说明而已，供读者参考。

1.大型纪念性石景

——民族魂魄铸就的永恒丰碑

在我国纪念性石景有悠久的传统，深刻的"忠孝"伦理观念。主要集中在烈士陵园，重大历史事件题材的纪念馆和一些纪念性园林中（如祠、陵、庙、楼、堂、阁、亭和故居等）。随着历史、文化、经济、社会环境的变化，纪念性石景已由单一的纪念碑类，向社会功能齐全、形式和用材多样过渡，规模也比过去扩大。条件允许时可与休闲园林相结合建设。

这类石景形式特征，主要以石雕、石刻、群体雕塑造型为主，结合文字图片、实物、视听设备展示。美学特征，突出纪念性，以表现人们在审美观念上的独特感受和对主题含意的理解。象征性是我国纪念性石景"托物言志"、"寓意于物"的表现手法，在于表现人的一定意念，烘托一定的意境气氛，这是我国雕塑艺术特有的美学风格和传统。装饰性就是通过多种手法，把自己生活实践中形成的情感、趣味和审美理想，寄托在创作的形象中，因为一切表现都是主观与客观的统一。

(1) 黄岗皓月

——广州·黄花岗七十二烈士墓

孙中山领导同盟会于1911年4月27日，在广州发动推翻清政府统治的武装起义，不幸起义失败，百余人英勇牺牲。遇难人中72人殓葬于黄花岗，1918年建立墓园。岗顶为陵墓，以麻石砌成墓基，用四根石柱，建成方形钟顶碑亭，树立“七十二烈士之墓”石碑，后面建“记功坊”，上半部分以72块六面体石叠砌成金字塔形坊顶，顶上立高举火炬的自由神像。墓园占地3万平方米，园内布局亭、台、池、榭、题刻点缀，既是纪念地又是游览名胜。“黄岗皓月”是广州八景之一。

建筑景观设计采用中西式结合的建筑构成，这是中国近代历史上最壮观、秀美的陵园之一，对后代陵园设计有重要影响。

由于修葺保护精细，园林景观的意味随时代变迁越加浓厚，我们认为值得园林、陵园设计相互借鉴。陵园园林化对城市建设有更多好处。

1、2.陵园墓道正门，石雕造型十分考究，给人的第一印象是东西方的风格融合得很自然（图中为正门左侧局部）

3.门前的百年大榕树古朴、壮美，见证了陵园的悠久历史

4.园林化的七十二烈士陵园，就隐谧在这秀美的绿荫丛中

5～9.陵园内的倒卷云龙柱、黄花岗碑亭、纪念碑刻、石坊等件件小品建筑，经历近百年苍桑，仍然精美如新，其中图6为龙柱下半部。墓地设计规模不算大，但风格独特，过了近百年看上去也是很有创意，气魄依旧。事实说明，时间是检验石作艺术品质的试金石

10.陵园内除七十二烈士墓之外，还有潘达微、史坚如、冯如、邓仲元等革命志士之墓。潘氏就是当时冒险奔走，收敛遇难同胞的人士，死后也归葬于此

5

8

6

随景评说：城市陵园向休闲功能转化（经营体制、管理理念、措施贯彻等），值得城市管理部门探讨。

9

7

10

(2) 雨花滴泪

——南京·雨花台烈士陵园

南京雨花台在中华门外，高100米、长约3000米的山岗上，传说梁武帝时，云光法师在此讲经，感动天地，落花如雨，故谓雨花台。近几个世纪，南京地区风起云涌，无数革命烈士留下许多可歌可泣的史迹。陵园兴建石景多处，景观特点是：环境开阔、肃穆；规划布局有致；构筑物起伏规整；人物塑造感人；主题概括明确；石作工艺精湛，是民众舒展心气、修身养性的好去处。

1、2.高岗上耸立着“雨花台烈士纪念碑”，邓小平同志的题词点出主题

3.警钟常鸣，矢志不渝

4.陵园在前行方向两侧，构筑清秀的水景，以慰藉先人。原烈士殉难处，新建赭色花岗石烈士群像，生动、真实而感人

5

6

7

8

随景评说：于无声处，陶冶情操。在风雨中呼吸，坦然自我——一位游客对雨花台的感言。

5、6.一对阙式雕塑敬卫着广场，填补了前行方向两侧空间的空旷，加大了景深的视觉感

7、8.前行方向展示水池、国歌壁图、国际歌壁图，直到正前方向的纪念馆大厅，三个屋顶构筑线条，美化了天际线的平淡，使陵园的布局，一目了然地呈现在游人的面前——肃穆、幽雅、自然

9、10.革命先烈赴汤蹈火，临危不屈的形象，激荡着每个凭吊者的心灵

9

10

(3) 龙华英杰

——上海·龙华烈士陵园

上海龙华烈士陵园由上海徐汇区龙华革命烈士纪念地和原龙华公园合并重建。1991年10月落成对外开放。1995年将上海革命烈士陵园迁入，并建龙华烈士纪念馆。

陵园设计运用“实与虚、露与藏、动与静、古与今”的手法，大胆创新单元构景造型，使陵园与园林景观氛围融合得很自然，扩展了现代生活流动的空间。

该陵园地处大城市，为处理陵园景观与城市建筑大背景的冲突，设计者在规划与感情色彩的处理上，狠下了一番功夫。过于传统的陵园格调，已不适应现实生活与观赏的要求。该园充分利用自然石与人工石材的色彩魅力，以及近代建筑的模式，使园内景观与园外现代建筑尽量和谐一致。可以看出，园外建筑设计也充分考虑到陵园的需要，相互关照，效果就好多了。

四座大型雕塑雄伟、庄严，造型语汇丰富，形象真切生动，跳出了传统烈士纪念碑雕塑的模式。艺术家的心灵真的被主题震撼了，所以才创作出这样感人的作品。

1～4.陵园广场视野开阔，呈十字形平面布局建筑物，在纵向中轴线上，正中是赭红花岗岩纪念碑，由江泽民同志书题：“丹心碧血为人民”。其后是蓝色金字塔与浅灰台式建筑镶嵌组合成纪念馆大厅。高大的三角形塔面局部遮挡了远处的园外高楼，突出了纪念馆和纪念碑。塔馆的巨大体量在中轴线上，起了重要的平衡作用，使陵园壮观、肃穆、明亮，特具时代感

2

3

随景评说：
新建的龙华烈士陵园，艺术造型体现了新世纪的高超水平——新理念、现代感、大气势、多功能和高技艺。

1

4

5.英灵永存，圣火不灭

6~9.横向轴线上，纪念馆的左、右两侧巧妙地、非对称式地布局其他单元景观，有序地自右至左，将向观众表达的细节，有机地呈现出来。完成了陵园总体构架的设想

10～15.从展馆右侧顶端，开始设置的“龙池”，极富诗情画意，演绎出中国人崇善美好的本性；喷泉水柱时高时低，寓意也很深刻，还可起到削弱园外高楼的干扰；石亭、石廊、石碑、石道与四周的竹林、松柏相映成趣，形成了小憩之地

16

17

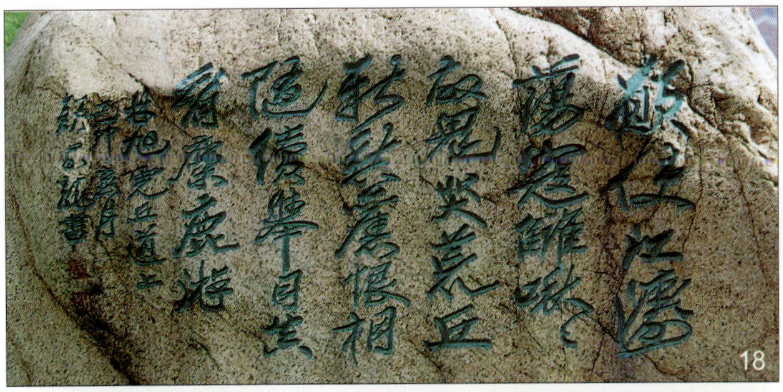

18

19

20

21

16～21. 通过不同造型，表达了后人凭吊先烈，前仆后继的形象描绘，诗情画意地折射出中国人民的英雄本色

(4) 狂雪慰魂

——南京·侵华日军南京大屠杀遇难同胞纪念馆

该馆1985年8月15日开馆。馆址建在当年日军大屠杀现场之一的江东门万人坑遗址上，占地2.5万多平方米。全馆主要建筑有：石体平台、石阶、13块自然石刻石，记载遗址史实。3组高2.2米、总长51米的大型青石浮雕，刻画了当年日军暴行和人民抗日斗争的历史画面。一大片鹅卵石覆盖的坟场，让人悲心四起。一堵黑色遇难同胞亡灵碑墙前供奉着鲜花。史料陈列馆见证了侵华日军的罪行和南京人民的抵抗精神。

纪念馆各建筑单元，几乎是用人工石材和天然石料造型构成，表达了中华民族质朴、坚强、永不屈辱的民族气节。

大半身躯被埋在土中的黑色艺术雕塑头像，顿时令人激起刻骨铭心的疼痛，说明一件好的造型艺术在广场、陵园、园林中起重要的点景作用。

石构平台低矮、宽阔，色彩灰淡，激荡着参观者压抑的心灵，建筑语汇这么感染人，说明景观设计是成功的。

1

3

4

2

5

随景评说：史证充分，造型真实，形象感人，永远莫祭，令人不忘国耻。

9

6

1.美籍华人张纯如（1968年3月—2004年11月）《南京大屠杀——被遗忘的二战浩劫》一书的作者。人们无限怀念、感激她用年轻的生命，为中国人民所作出的奉献。今天，雕塑启示我们的年轻人面对她该做些什么

2.大门人口处的警示造型

3、4.表现遇难同胞的危难、不屈精神具有刺痛人心的视觉效果

5.邓小平题写的馆名

6.用中、英、日三种文字，简明地表达了中国人民对遇难者的哀悼，30万这是多么令人震惊的事件啊

7、8.高2.2米，总长51米的青石浮雕，表达了后人对遇难者的祭奠。遇难者旧址，站立着一尊石像，表达了死者的不屈精神永存

9.用自然石记录南京各地区日军暴行的情况及遇难者死亡人数

10.共222位历史证人的脚印铜版路。图为85岁老人彭玉珍(女)的塑像及足印

11.《狂雪》——这篇祭文为被日寇杀害的南京30万同胞招魂

10

7

8

11

(5) 晓月卢沟

——北京·中国人民抗日战争纪念馆

1

这座纪念馆于1987年7月6日纪念“七七事变”爆发50周年前夕落成。现在已将卢沟桥、宛平城、雕塑园与纪念馆规划成一个新景区。事变过去60多年了，但人们对“八年抗战”无不记忆犹新，永远忘不掉这段屈辱的历史。

景区雕塑园用石鼓记述日军罪行，意在击鼓召唤国人团结起来；用四个铜雕方阵造型，形象地追述全国人民团结抗日的长篇历史；纪念馆正厅的铜雕和半圆景区的仿石雕塑，表达了中国人民抗日战争必定胜利的决心。

我国特定的历史环境和现在优异的社会条件，塑造艺术广场的题材十分丰富。上述景观的建成证明，我们有能力和技术把这些事情办好，满足和谐社会发展的需要。

上述实践说明，纪念景观既保护历史文物，改善生态环境，又丰富了人民文化生活和教育人民，对国家和当地经济发展十分有利。

4

5

2

3

6

9

7

11

1~3."浩气长存"的主题纪念碑亭,用石雕的建筑形式建造,比用木结构更符合主题的表达

4~12.纪念馆内的这组仿石雕塑,记录了反法西斯斗争必胜的艰苦历程

8

10

12

13

14

15

13～16."卢沟晓月"建桥纪念碑和全长266.5米、宽7.5米、11个桥孔的卢沟桥，至今仍屹立在永定河上。桥两侧护栏各有140根望柱，柱头上卧伏的大小不等的485个石狮子，特别引人注目。坑坑凹凹的桥面，是几百年来人文活动的真实痕迹，这些真是一部令人难忘的石书

17～18.雕塑园占地20万平方米，江泽民题写碑名，石碑立在被压扁的侵略日军的战车上。四个方阵共24根铜雕柱，记录了"八年抗战"惊心动魄的史迹。石鼓上的文字记述了一件件日军罪行，都是当时公开发表在报纸上的事实

随景评说：全面规划景点布局，充分利用历史资源优势、造型内容真实、生动……

16

17

18

(6) 魂牵梦萦

——重庆·歌乐山烈士陵园

1

中国近代革命者用鲜血谱写的《红岩魂》，是中华民族“高贵不能淫，贫贱不能移，威武不能屈”的精神表现。在中国只要提起旧时四川重庆的“中美合作所”、“白公馆”、“渣滓洞”，许多人不会忘怀中国历史上最惨烈、最悲壮的那段时刻。人们为什么记忆那么深刻呢？除事件本身的惊心动魄外，这也与艺术家精心塑造的《红岩魂》造型艺术石景，给过往的人们留下的深刻印象分不开。同时也说明好的景观设计，对社会生活的影响多么重要！

陵园是以墓地、纪念雕塑群、红岩魂广场诗碑、红梅赞艺术造型等石构景观为主体。落成于1986年。采用十字轴线布局大框架。

构景设计主题清晰，造型单元如墓地—群雕—园名题刻—诗碑—红梅赞艺术造型等，由高向低扩展，布局错落有致，韵律起伏，视觉通透。现代造园手法与传统格调融合自然，充分体现了陵园景观庄严、肃穆、沉缅的氛围。

《浩气长存》的纪念雕塑，由四面立体圆雕构成，气势磅礴，情态深邃，历史气息凝重。与广场上烈士生前感人的诗文碑林交融辉映，浑然一体，艺术处理自然、大气、新颖。

整个园区石种多样，但以赭红点景，浅灰衬景，相间铺垫，配色十分和谐，加上四围绿林，陵园气氛渲染恰当。陵园靠近城镇，周边大环境及陈列馆内布局，条件许可时尚有改善余地。

雕塑创作：江碧波　叶毓山；结构及设计：白佐民　侯雪

1.邓小平同志为陵园题写了园名。他的心愿代表了全国人民的心声

2.红岩魂陈列馆，内容十分感人。门柱上用汉白玉刻百字长联一副，文词好、书法也好，仔细看过，胜读十年圣贤书啊

3~7.广场左侧拾级而上，到达陵园的主体部分：纪念雕塑、土冢、烈士诗文刻石。园内石作经风化、水汽侵蚀，外观更是自然敦厚，陵园的氛围更加肃穆

随景评说：
塑像造型似史书，
诗碑句句声隆隆。
红梅赞歌今犹在，
百字长联似长虹！

2

3

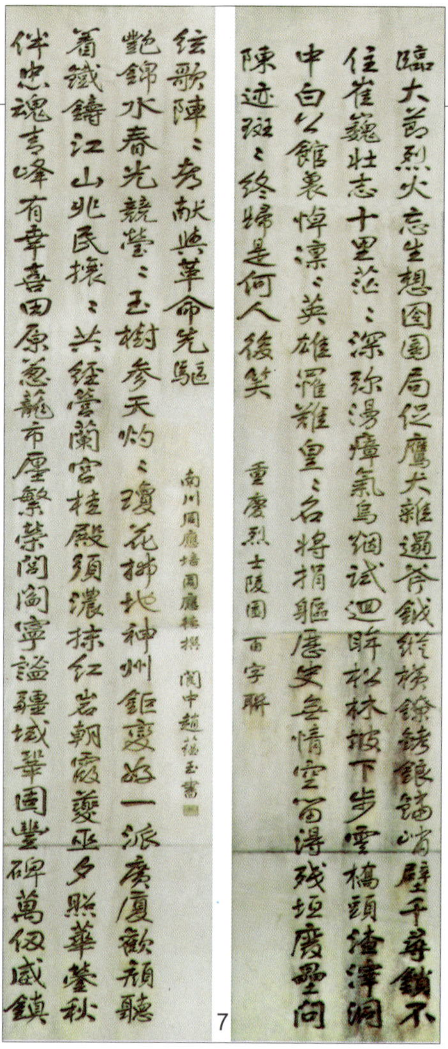
臨大節烈火忘生想囹圄局促鷹犬雜遝斧鉞縱橫鐐銬鋃鐺峭壁千尋鎖不
住崔巍壯志十里茫々深弥湯瘴氣烏烟試迴眸松林坡下步雲橋頭渣滓洞
中白公館裏悼凛々英雄罹難皇々名將捐軀歷史無情空留得殘垣廢壘向
陳迹斑々終歸是何人後笑
重慶烈士陵園　百字聯
弦歌陣々奏献興革命先驅
艷錦水春光競瑩々玉樹參天灼々瓊花拂地神州鉅變如一派廣廈歡顔聽
看鐵鑄江山兆民攘々共經營蘭宫桂殿須濃抹紅岩朝霞蔓巫夕照華鎣秋
伴忠魂嘉峰有幸喜田原蔥龍市廛繁榮閭閻寧謐疆域華國豐碑萬仞威鎮
南川周應培 周應称撰　閬中趙蘊玉書
7

4

5

6

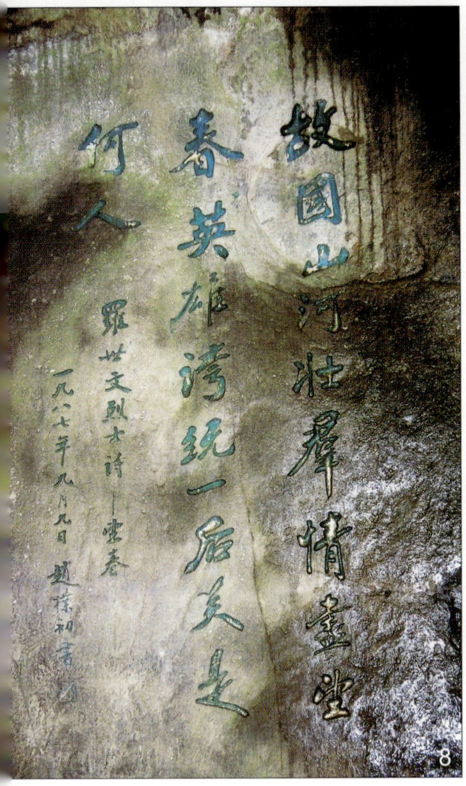

8、9.广场中部和东部，布局擎天柱式的烈士诗文碑刻数十座，柱间视野通透，使广场空间变得有序、充实、更有层次

10."红梅赞"造型新颖。五线谱造型把后辈高歌"红梅开……"的寓意释放了出来，使全园回荡着一种高昂的激情

11.陵园西南角伫立着一尊金属青年雕像，形似一个问号，形体语汇十分含蓄

12.园门旁侧立着一个小女孩献花石雕像，让参观者猛然一看，感触十分深刻

(7) 世纪回响

——北京·中华世纪坛《中华千秋颂》

中华世纪坛的圆形世纪大厅，直径38米，面积1171平方米。大厅内设有题为《中华千秋颂》的大型彩石浮雕拼嵌壁画。环形壁画周长117米，高5米，壁面588平方米，是我国目前规模最大的环形彩石浮雕。

《中华千秋颂》融汇了中华民族5000年悠久历史的文化篇章，气势壮美，人物形象个性鲜明。浮雕是以编年史为顺序，共分四个历史阶段，浓缩展示中华民族5000年的文化精神与发展脉络。第一段为展现先秦时期的理性精神，突显中华民族源头性的思想内涵。第二段表现汉代到唐代的包容气概，突显中华民族的恢弘气度。第三段体现宋、元、明、清的公忠气节，突显中华民族的人格精神力量。第四段反映近代启蒙与救亡的历史变奏，突显中华民族独立自强的精神面貌。

壁画作品由清华大学美术学院及全国壁画专家共同创作，邀请全国高水平的雕刻艺人，采自全国各地15种颜色彩石雕刻而成，代表中国当代浮雕艺术的最高水平。

随景评说：

世纪新作史诗传，壁雕造型不一般。

如若圆雕更恢弘，此生观景不遗憾。

1.展厅中心9根锻铜云纹贴金柱，题意“龙凤呈祥，日月光华”，柱上龙翔凤翥，气势磅礴，展示了中华民族蓬勃向上的精神面貌。展厅环形壁面为《中华千秋颂》史诗浮雕，造型十分壮观

2、3.展现先秦时期的社会风貌（包括炎黄联合，儒道并存，屈子问天，秦皇巡游的内容）

4、5.反映汉唐盛世在政治、经济、外交、文化、艺术、医学等方面取得了卓有成效的功绩，对后来华夏社会的发展影响深远

6.宋、元、明、清四个朝代虽然国力日衰，但在文化、农业、天文等科学技术方面也有长足的进步

7~9.反映近代新思想的变革，给中华民族带来了新的曙光，特别是中国共产党领导的新民主主义革命的成功，翻天覆地地改变了旧中国的面貌，迎来了新中国的诞生，值得中国人民千秋歌颂

2

3

4

1

5

6

7

8

9

(8) 蓟门烟树

——北京·元土城遗址公园

北京元土城遗址公园，全长4.2千米，宽度100～160米。中间土城沟宽15米左右，它包括西土城和北土城两段。西部新区形成八个景观：“城垣怀古，蓟门烟树、蓟草芬菲、银波得月、大都建典、水关新意、鞍疆盛世、燕云牧歌”。园区建设立足将文物、水利、园林绿化统筹安排。主旨是：展现历史、保护遗址、改善环境、丰富景观，有利于生态发展和民众生活。东北地段建设了“大都鼎盛”为主题的石雕群像，表现出粗犷、豪迈的草原文化与悠久凝重的北京文化的融合。

随景评说：元代社会变革对后代影响深刻，土城遗址艺术景观弥补了多年的缺憾。

2

1

3

1.元土城遗址公园碑石

2.元土城遗物并不多，这尊残损佛像也可能是后来刻立的

3.清乾隆御制的“蓟门烟树”碑，该景为“燕京八景”之一

4.“大都建典”以花岗岩雕塑群和釉陶瓷壁画，来体现元帝国首都的磅礴气势，以及以中华优秀文化来“立宪施政”的举措。装饰华丽的大象和威严的忽必烈及群臣，象征元都社稷的繁荣昌盛

5～10.“大都鼎盛”为主题的东北段遗址群雕，生动地体现了元朝建都燕京时的歌舞升平景象。郭守敬在科技方面的贡献为后世敬仰，马可·波罗把东方大地的风情传播到世界，都体现了元代社会的特色和杰出成就

4

5

6

7

9

8

10

2. 国家文化遗产中的经典石景

——社会文明进程的史诗画卷

我国传统石材造型艺术的表现形式和主导思想，集中在历代社会上层的行政宫殿、皇家园林、皇家离宫，以及宗教活动场所。历经数千年的历史、文化、艺术经验的积累，造就了石景景观艺术的辉煌景象，至今让世人瞩目、感叹，并引以自豪。

传统石景艺术虽然主要反映当时帝王将相、达官贵人的思想理念、人文情感，但它不可能与广大民众，特别是与从事实践活动的艺术家、工匠艺师的审美情趣截然分开。由于皇家经济实力雄厚、高超的匠意与石工经验的结合，创造了世界一流的工艺造型。就是今天机械效率很高的设备，也不一定能达到的水平，难道不让我们赞叹吗？

今天，石景艺术面临多种造型工艺与材料的挑战。石景造型一般体重大，投资高，工艺难度大，工期长，高级石工匠师少，石材运作不便等等问题困扰着人们。我们相信，传统石艺有它生存的得天独厚的优势；有承前启后的广阔创意空间；石雕产业兴旺发达；建筑业的发展促使石景艺术的市场开拓不断扩大，石景景观设计一定会迎来一个“新石代”的春天！

(1) 宫苑堆秀

——北京·故宫御花园

1

2

北京故宫御花园原名后宫苑，在故宫坤宁宫北，园东西长130米，南北宽90米，占地约1.17万平方米，是一处以建筑物为主体的宫廷式花园。主体建筑为五间重檐的钦安殿，其他按地形安置亭、台、楼、阁。园景大致分三路，寓变化于严整之中。除此之外，就以山石树木、花池盆景、叠山、五色石于甬道穿插其间。石景品位之高，在民间园林中是很难找见的。园林置石造景，石不在多，而在于奇、精、妙也！

1~3.堆秀山和山顶的御景亭，是当年重阳节帝后登高赏景之地。假山规模之大，叠山之精巧，可称同类杰作之冠

4.钦安殿的台栏为明代设置，雕花工艺十分精致，如望柱顶端的龙凤造型，可称石作绝唱

5~7.位于御花园东南角的绛雪轩，有一琉璃花坛堆山种花，山名狮子林，海棠落花时节如雪花飘落，故名绛雪轩。有乾隆诗作为证："绛雪百年轩，五株峙禁园"。清朝渐衰，后改种太平花。花坛边的几座雕花石台，雕工十分精细。有一台座上似立一块朽木，其实为木化石，上有300年前乾隆的题字，堪称匠心独具啊

8

11

12

8～12.传统园林肯定离不开奇石装饰，诸如拜斗石、海参石、木化石、江山石、太湖石、珊瑚石，原来都是各地名园名景中的“贵客”

13、14.园中有一座围栏石坛，小巧玲珑，雕琢精细，可能是一个鱼池，现无水干涸了。当作一件摆设，也是相当高贵

15、16.朱红四柱小亭内有一石桌，四边有石栏，其实这是一个小井亭，掀去石面即可汲水救火。万春亭的石台、石栏、门窗雕琢十分讲究

17.花园西南角上有一石台，据称石上原竖有灯杆。石座雕龙行云，座底海浪翻滚，水兽作怪。它们的雕工绝仑无比，未见有同类石作比翼

18.花园是让人休息之地，御花园的石凳、石桌，当然十分讲究

19、20.甬道上的拼花石子也忘不了吉祥如意的符号

9

10

13

14

15

16

17

20

随景评说：三路布局、以小见大、以曲见远、平实中显秀丽。石景造型多样、精美、无华、多彩中感觉优雅。时空色彩随季节时令变幻、年复一年，古今如一。

18

19

(2) 湖光山色

——北京·颐和园

颐和园是我国乃至世界最优美的园林胜地，它由万寿山和昆明湖两大山水景观构成，占地面积290万平方米。虽然经过多次战乱毁损和兴建，但始终保持了皇家园林的风范。这与园林的规划、管理与维护密不可分。

首先，建园思想明确，起始就着眼于“三山五园”的皇家园林格局规划，所以品位高、规模大、园林景观类别和景点多，即园中园的观念明确。

其二，充分利用天时地利的优异条件，山水相融，地势开阔，远借山峦叠翠的西山群峰；近处从碧波万顷的昆明湖转向气势雄浑的万寿山，人文景观沿排云殿中轴线层层升高，视觉空间开阔、深远。

其三，景区功能分割得当，园中园特色虽异，但观赏颐和园的“湖光山色”这一主题突出（其实颐和园美，美在“湖光山色”的气势与境界）。

其四，分散游客过于集中于东建筑区及长廊区，是改变观赏观念的措施之一。从后山上，到前山观南湖岛和西堤方向；从新建宫门或南如意门入园到南湖岛、西堤观赏万寿山方向是最美的。

1.从东门入到东岸，佛香阁为主景的前山、远处的玉泉山宝塔映入眼帘，一幅山水画美不胜收

2～4.连接南湖岛的十七孔桥，是远看万寿山和西堤的最佳位置，当然也是从万寿山看南湖岛的主景对象。排云殿后高20米石台上建筑的佛香阁，是颐和园标志性建筑，对实现万寿山的景观起了决定性作用

5

10

6

随景评说：天水山色浑然创意，气势恢弘，搏动游人心弦。石之匠师技艺精良，今日石艺当何思考？

7

8

9

5～6.玉带双曲拱石桥如玉似带地卧泊于湖面，既有利于船只通过，同时又给游人带来一种柔美的视觉

7.佛香阁东侧的一组建筑是贮藏经书、佛像的地方。高台上立“万寿山昆明湖碑”，记述了乾隆扩展昆明湖的经过

8.用汉白玉雕刻、砌筑的清晏舫，舫长36米，既可游乐，又有特殊的寓意，皇家园林许多建筑都喜欢按这种方式设计

9、10.大型观赏石是颐和园很讲究的置石。仁寿堂院内南侧，点缀似大船的巨石，名“青芝岫”；在仁寿门内起影壁、点景作用的“老寿星”，院内还有四块“四季石”也很风光；排云门前“十二生肖石”，许多游人都喜欢来对号“认亲”。你说，这些石头为公园增添多少有趣的故事

（3）琼岛春阴

——北京·北海

1～3.似覆钟形的白塔造型与曲折、精雕、洁白的桥栏映射出的视觉之美是多么温馨

4～6.颐和园有美丽的双曲拱玉带桥，静心斋也有一座与之比美的小玉带桥。可见设计者的审美水平不同一般

北海位于故宫西北，东靠景山，南临中南海，北接什刹海，这真算是名副其实的大园中园了，但北海里面也还有不少园中园，这在全中国，乃至全世界也难有这样的“人间仙景”。从金代始到清末，历代皇帝都梦魅琼岛真的能变成琼瑶仙境。全园面积70万平方米，水面占了一半以上，真是得天独厚。

北海与我们的《说石构景》有些什么联系呢？

首先，说说耸立在琼岛上的砖石结构的白塔。设计“在湖上建岛，岛上堆山，山上建塔”的构想，白塔成为园内特色景观外，从高耸的白塔远眺西山、燕山、以至大半个北京城，眼前景色起伏于氤氲威巍之间；近观景山山脊五亭，故宫红墙黄瓦，眼前的恢弘气势是一幅皇宫绚丽的历史画卷，作者目睹了北京这般少见的风情格调。与从北海看白塔，从景山看故宫不同，那是别样的感情。园林设计“借景之术”，一般借外景为内景服务，现在变为借某处内景观赏外境，达到另一种赏景的方式，在平原园林中是少见的特例。

其二，北海大桥、永安桥是多孔石拱桥。静心斋的小玉带桥是单孔石拱桥，濠濮间的多孔平板曲石桥，以及五龙亭的石台石栏，漪澜堂前圆弧形石栏，规模大，全是汉白玉雕琢，这两种石作，远处观看就如条条白练卧泊碧水绿荫之间，与红柱黄瓦及蓝天，形成一幅别有风情的图画，石雕构件起到了特殊的配景作用。

其三，北海大空间的湖光山色构景之外，每个景区都有一些“宝石”为北海增色，许多都是国家级的珍品，在其他园林是少见的。如团城的大玉瓮（渎山大玉海）、承光殿的大玉佛、北岸的铁影壁和九龙壁、琼岛上“燕京八景”之一的“琼岛春阴”石碑、雕龙石柱顶上的承露盘铜人、阅古楼藏《三希堂法帖》和《快雪堂法帖》，都是稀世珍宝。还有琼岛上的湖石假山，规模之大，形象之奇，都成为北海造景之物。故山不在高，“有宝”则名啊！

随景评说：
白塔造景优美，
景点对景巧妙。
“宝石”为园增色，
山水石同谱华章。

1

2

3

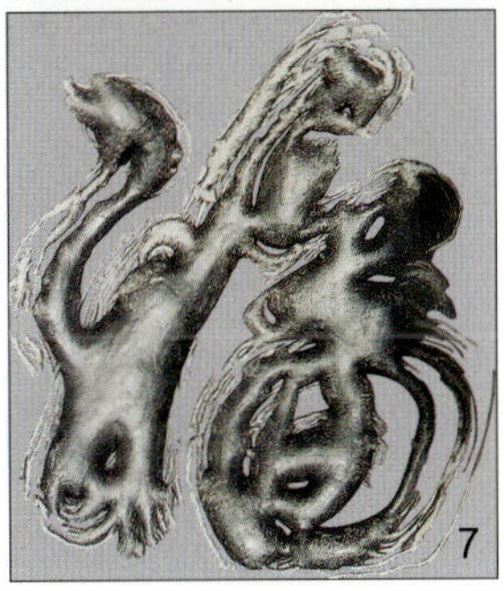

7、8.快雪堂廊壁上的“福”、“寿”刻石当然是出于名家之手

9、10.五龙亭在北海北岸、漪澜堂在琼岛北岸，两两对峙，石栏似玉带白练镶嵌在岸边，对造景起着彩添色的作用，如果抹弃会是什么感觉

11

12

13

14

15

17

16

18

19

20

21

11、12.北海的石桥有十余座，没有一座相同，每座都精雕细刻，现在公园很少这样下功夫

13、14.昆仑石后的佛堂可从洞内上去，也可登石阶进入

15～17.“琼岛春阴”指的是琼岛春天的景色，这是“燕京八景”中保存最好的一景，与东北黄石叠山上的“引春亭”相望，都有相互对景的作用

18～23.仙人承露石柱、妙相亭石碑、铁影壁、石佛、石幢等都是北海的珍奇之宝

22

23

(4) 悲怆唯美

——北京·圆明园西洋楼遗址

整个景区由谐奇趣、方外观、海晏堂、大水法、远瀛观构成，这是圆明园中一组著名的欧式石饰建筑群之一，建于清乾隆十年到二十四年（1745—1759年），雄奇的中西式宫殿用白石砌成，并加以精工细刻修饰，屋顶为中国特色琉璃瓦成型。手法构思奇特，颇具殊趣，无不取法于自然。西洋楼建筑设计及工程技术指导为意大利人郎世宁、法国人蒋友仁和王致城等。1860年被英法联军洗劫一空，纵火毁于一旦，且留下部分石雕残迹。

人们并不愿有意去欣赏带有残缺的造型。由于历史悲剧而扭曲的结果，给人带来特殊的审美心理，令人清醒、振作、向上。经艺术家指导，将现场加以适度整理，赋予视角美的元素，才能使观赏者获取“残缺美”的感受。

这些石雕残石图样与西方皇宫专业石饰相比算不上什么杰作，但在当时也是相当奢侈的了。作为历史见证的价值那是无价之宝。

2

1

1～3. 根据西洋楼原样复制的模型。如今残存的遗址废墟，有幸遗存下来，我们应当向园林职工和文物工作者致敬

4～7. 原宫殿前的欧式石建筑残石

8、9. 原宫殿墙脸的雕花石柱残石

随景评说：

乐极生悲，悲极致美。观后沉思、古今绝响。

4

3

5

8

6

7

9

10

13

11

14

10～14.原台、柱、座等的残石

15.海晏堂（宴会厅）雕花柱石残景

16～21.方外观的雕花饰石残石

12

15

16

19

17

20

18

21

(5) 天堂夜话

——北京·天坛

1

2

天坛，坐落在北京东南部，北圆南方的园墙，寓说天圆地方祭天之地，嘉靖十三年(1534年)，正式定名为天坛，是明清两代皇帝祭天祈谷的圣地，为我国和世界上专门用于祭天，现存规模最大、景观最宏伟壮丽的一处庙坛建筑群。祈年殿图案，是北京的标志。应当是《说石构景》中地位最高，故事最多的景观之一，但现今石建筑中难以借鉴，只好简要地、用点景的方式，说其奥妙之处。圜丘坛、回音壁、三音石、对话石、祈年殿是天坛五大特色建筑。

1、2.当年祈求膏雨之地的祈年殿建筑在一个圆形、三层汉白玉石栏的寰台上。谁能想到，近500年之后，2008年北京申奥成功，庆祝会就是在这里举行

3～6.七星石，寓清朝社稷如“五岳之尊”的泰山一样永固。天心石象征天神的中心。丹陛石前三音石也很传奇。蓝瓦红墙为天坛石建筑增添了新鲜的色彩

3

5

4

6

7. 祈年殿正南台阶上，望柱柱头上的龙凤雕刻样式，令人叹为观止

8. 棂星门边的绿瓦矮墙高度设计合理，若墙过高就挡住了墙内的圜台；墙比天高，就产生逻辑差错。圜台横竖比例、栏台层间高度差的美感，堪称东方建筑史上的经典

9~12. 再往南进入棂星门，到达“与天对话”的圜丘坛，也是由三层汉白玉护栏构成的环形石台。正中心有一块天心石，然后由9块青石构成第一圆环，共9圈，每向外一环石块的数量为9的倍数增加；台阶每层也为9级；上、中、下三层石栏均为9或9的倍数（上层72根、中层108根、下层180根），以此数象征九重天，天的至高至大。天为阳，故只能用九来建筑，除去迷信因素外，反映了工匠的高超数学知识和计算才能，真令人叹服

13. 用华表石柱构成的棂星门，共8座，意为“云门玉立”。对圜丘起着重要的衬景作用

14

18

15

19

16

20

17

21

22

23

24

25

14～21．皇穹宇是天坛三大建筑之一，周围的石栏、门券、墙瓦、滴水等物件雕工都十分精细

22．丹陛桥是连接祈年殿和皇穹宇间的建筑，用石十分考究

23、24．斋宫是不被人们注目的一组建筑，但是这里的石桥、水池护栏、石亭花纹雕刻，不是一般手艺的工匠能做出来的

25．望灯杆固定在石座上，灯笼高2.15米、直径1.4米，祭天当日黎明时点烛使用。台座砌石规整，至今石缝严实（3～5毫米），体态匀称，经数百年不裂、不错缝，工艺令人惊叹

26．古柏是天坛的重要景观，这株“九龙柏”十分让游人注目

27.2008年北京申奥成功，庆祝晚会在天坛祈年殿举行，夜色灯光下的“石坛”光彩夺目

随景评说：天坛为华夏匠师精魂所现，石景创作之颠峰。申奥庆典在此举行，可谓当今人间的“与天对话”。

26

27

(6) 雄关云台

——北京·居庸关云台

这一座过街塔座上原建有三座喇嘛塔，后来地震损毁，仅剩塔座至今。塔原建于元代至正五年（1346年）。塔座用汉白玉砌筑，高9.5米，下基东西长26.54米，南北深17.57米，台顶四周设石围栏和排水龙头，台下正中门洞可通马车。门洞内和券门两端的券面上，雕有浮雕佛像和神像，六种文字的《造塔功德记》。这是现存规模最大、建造最早的过街塔座，非常少见。特别是四大天神的浮雕，采用世俗化的格调，神态栩栩如生，与泥塑作品的相貌不同，这是作者审美新意的表现。

2

3

1.云台位于长城居庸关，为当年自京城往北出关必经之道

2.从门洞看到“天下第一雄关”和洞内石路的斑痕，可知当年这里之繁华

3～5.门洞券面上的浮雕图案，内涵十分丰富，大象等吉祥物生动有力，遗憾的是有些残损

1

4

5

6～10．按顺序为南方增长天王、西方广目天王、东方持国天王、北方多闻天王和侧壁正中的十方佛像，意示天地四方诸神，对远行者的佑护，在全国也实属珍贵的石雕作品

随景评说：传统天王千处一面，而云台石雕回归众生相，当是匠师审美心态的一次飞越。依此联想，昔日的石狮、石佛造型不是也有无限的创意空间。

(7) 雕琢燕京

——北京石刻艺术博物馆

馆址设在原真觉寺内（俗称三塔寺，主要是收藏分散于北京城内，或郊区拆迁寺庙的古代石雕遗物，所以这里珍宝甚多）。明成化九年（1473年）按印度高僧送来的金刚宝座塔模型建造，成为朝佛游胜之地。宝座为砖石结构，通高17米。五塔为石结构，一塔高8米，其余四座各高7米，塔座和塔为汉白玉雕，有人物、动物的图案。博物馆展出石雕作品分为室外和七个展室，展品陈列600余件，为全国规模较大的、具有特色的专业石雕博物馆。

1

4

2

3

5

9

6

1.北京石刻艺术馆址在真觉寺内

2、3.为金刚宝座塔雄伟的建筑

4.原北京普胜寺卧式碑，清顺治八年建造，异于常见的竖碑

5.原北京“广宁门外新修石道碑”，雍正皇帝御制，通高6米，堪称碑中巨制

6.这些石碑大多记载当年修桥、筑路、治河、办学活动情况，很有社会学价值

7、8.原陵园石相生、石碑及供台、石香炉景观

9.石享堂（陵墓地宫中的石室），门窗、柱、檐、瓦雕刻十分精细

10.与金刚宝座塔同时代的银杏古树，树龄500年

11.石墩侧面的石饰花纹

7

10

随景评说：古都北京到处都有“宝”的文史遗迹，集中保护是无奈之举，历史靠保留原貌才会延续得更好。

8

11

(8) 千秋圣迹

——山东·曲阜“三孔”

曲阜孔庙、孔府、孔林，简称“三孔”，作为石构景观有以下七个特点：

其一，因是祭祀孔子的殿堂、孔子的故居和孔氏家族陵园，所以石景形式与这三个场所的功能密切联系。

其二，孔庙石景以各种制式的石坊为多，如庙外金声玉振坊、孔庙大门棂星门、太和元气坊和至圣庙坊；一进去给人的印象，这里是仪态端庄的圣人之地。

其三，经“一桥、四门、一阁”之后到大成门前的十三碑亭，亭内存金、元、清三代帝王，为保护唐、宋以来祭孔、修庙石碑53座，有一碑仅碑身就重35吨。大多石碑都有研究当时社会状况的重要价值。

其四，大成殿是孔庙最大的主体建筑，占地1836平方米，东西长54米，深34米，高32米，重檐九脊。为全国各地祭孔活动建筑之冠。

其五，前檐下深浮雕龙石柱10根。殿台、双层石栏均为汉白玉石构件组成，建筑设计精致严密，艺术价值甚高，精湛程度可与北京故宫比美。它的视觉效果与大成殿的建筑意图相融合为一。殿前露台为祭孔圣地。

其六，孔府遗迹中石景以孔府大门石狮和孔宅故井最有纪念意义。

其七，孔林到清代孔氏家族，陵园已扩大到200万平方米，最引人注目的是孔子之墓，但也很随俗朴实，并不豪华。

“三孔”圣地，虽不属皇家宫苑，但从石作制式上看，基本与皇家规制一致，大成殿不用大红木柱，别出心裁用石雕龙柱装饰，级别够高，又有特殊象征意义，龙文化无处不在。

1. 孔子像，相传为吴道子绘，明代重摹
2. 古柏奇形，犹如龙体附身
3. 太和元气石坊
4. 大成殿及露台

随景评说：石景存千年，儒道传海疆，弘化在于斯，和谐社会殊。

3

2

4

5

8

9

10

6

5、6. 大成殿前檐10根龙柱，雕刻十分遒劲

7、8. 杏坛为孔子讲学之地，坛前香炉石雕精美无比

9、10. 孔府大门及孔宅故井

11. 孔子之墓

7

11

(9) 出世神韵

——山东·青州·龙兴寺佛教造像

2

1

3

1. 贴金彩绘佛头像，神态安详，温和微笑，观之可亲。
东魏（534—549年），石灰石，高22厘米

2. 贴金彩绘菩萨造像(局部)。
北魏（386—534年），石灰石，通高110厘米

3. 贴金彩绘佛三尊背屏式造像。
北魏（386—534年），石灰石，高113厘米

4. 贴金彩绘佛三尊背屏式造像，面部表情细腻，神态刻画生动，衣着厚重，多垂线。
东魏天平三年（536年），石灰石，高83厘米

5. 贴金彩绘佛立像，单体圆雕造像，造型简练，彩绘轻薄的纱质服装紧贴肢体，生动自然。
北齐（550—577年），石灰石，高162厘米

6. 贴金彩绘思惟菩萨像，造型优美，情态姿态十分协调，极富神韵。
北齐（550—577年），石灰石，高90厘米

7. 贴金彩绘佛坐像，基座由荷叶、荷花、莲房组成，体现青州地方特色。
北齐（550—577年）石灰石，高64厘米

8. 贴金彩绘菩萨立像，高冠两侧有冠带，颈佩玉胜圆珠串连的项圈。
北齐（550—577年），石灰石，高95厘米

9. 石雕佛立像。
北齐（550—577年）

随景评说：
将人变成神是对辩证哲理的反叛，“出世神韵”才是真美的召唤。

山东青州市博物馆1996年10月16日在龙兴寺故址出土窖藏佛教造像四百余尊，其中精品80多件。出土时，窖藏的造像排列有序，整齐地呈三层堆叠。文献所记龙兴寺始建于北魏，毁于明初。寺毁之前，造像遭受破坏，遂被有组织地窖藏。出土的造像主要集中在北魏、东魏、北齐时期。

这批龙兴寺佛教造像，种类有背屏式佛三尊像、单体佛造像、菩萨像、罗汉像、供养人像等，最大的高至320厘米，小者50厘米左右。其质地有石灰石、花岗岩、汉白玉，也有铁木陶和泥塑。雕刻技术十分高超，集

4

5

6

7

8

9

圆雕、透雕、浮雕、高浮雕于一身，线刻或凸刻明快流畅。佛像造型简练，菩萨雕刻纷繁，而且形态神情手势，无不体现着不同时期的时代风格，又同一显示着佛教哲学的思想智慧。大部分造像因保留着鲜艳的贴金彩绘，尤显得神圣端庄，华丽高雅。

青州龙兴寺佛教造像，专家誉之为：“中国古代雕刻艺术的集大成者。”其雕刻之精致，贴金彩绘之完好，数量大种类全，跨代久远且多为北魏到北齐的杰作，具有极高的鉴赏价值和学术价值，足以改写东方艺术史。

（文／图　左景仁）

(10) 远古绝唱

——陕西·兴平·霍去病墓

陵园位于陕西兴平县东15千米，为汉武帝刘彻的陪葬墓之一。霍去病（前140—前117年），山西临汾人，官至骠骑将军封冠军侯。多次出击匈奴，打通丝绸交通，巩固国防，安邦兴国，战功累累。24岁时去世，汉武帝为表彰功绩，建仿祁连山形状土冢。墓前陈列大型圆雕石刻等动物形象，充分反映逝者生前战斗所处祁连山动物出没的艰苦生态环境，这种追念方式既尽情又自然。同时，这些石雕艺术风格特殊，手法简练，生动逼真，为历代陵园石饰中少见，显示出汉代艺术，古拙质朴与博大雄浑的时代风貌。这批石雕作品的珍贵价值在于开启我国石雕石刻艺术的新里程，对后代的艺术风格产生巨大影响。

1、2.墓型雄伟而简朴，形似一覆斗，南北长105米，东西宽73米，冢高25米

6.卧象高0.58米，长1.8米，宽1.03米，表现出睡眼惺忪的憨态，宁静中透出顽皮可爱的神情

7.装饰廊道的石构建筑，两端空间用于布置石兽，沟通了两地空间空位缺陷的联系

8.野猪长1.63米，宽0.62米，表现顽劣而又机警，拱身伏地，形象非常逼真

9.怪兽吃羊长2.74米，宽2.20米，与上述动物一样，依自然石块形态就势刻画。用线刻勾勒出怪兽的前肢，用石面形状自然地表现羊身，以及被咬噬的痛苦状态，形成紧张恐怖的气氛，艺术感染力十分强烈

10.卧马高1.44米，长2.6米，前肢用力着地，准确细致地表现了卧马由静向动的动作过程。庞大的躯体，成为一种顽强不屈力量的象征

11.伏虎长2.0米，宽0.84米，着重刻画其机警凶猛，伺机捕获猎物的兽中之王的形象，尾部卷曲在背上，更增添了威猛的气势

3."马踏匈奴"像高1.9米，长1.68米，战马昂首屹立，喻示胜利；马下的败者，暗示敌人必得的下场

4.跃马高1.5米，长2.4米，形象地刻画出了烈马一跃而起的瞬间动态，刻工简练而精巧

5.卧牛长2.6米，宽1.6米，表现了牛的温良、驯服、粗壮有力的特点，显示出坚韧耐劳，质朴敦厚的性格

随景评说："写意"造型的开篇，汉唐雄风之遗愿；石雕艺术前有古人，当今必有来者。

(11) 任君评说

——陕西·乾县·乾陵

乾陵位于陕西乾县城北6千米处，为唐高宗李治及女皇武则天合葬墓，两个皇帝合一墓在世界上也是罕见。陵园内城面积240万平方米，城墙周长5920米，墙体厚2.4米。乾陵以山为陵，气势雄伟。经勘察，墓道长63.1米，宽3.9米，至今尚未开掘。现存地面遗迹，在朱雀门外有无字碑和述圣纪碑各一座，华表、飞马各1对，石马5对，石人10对，石狮1对，宾王61尊（头部残损）。这些石刻群构成了中国历史上最壮观的造型艺术之一。

1、2.乾陵唐高宗、武则天墓及墓前入口处的华表（东侧），山上为陵园阙门

3.南北墓道长千余米，石刻群主要布局在司马道两旁，入口之后形成斜坡，逐渐升高到朱雀门，俯视全陵，雄伟壮观

4.石人（翁仲）造像

5.石鸵鸟，当时西域地区进贡的珍鸟，被刻成神鸟供奉

随景评说：既然无字，故难评说。但陵景空间之壮观，足见华夏民族的睿智与永恒。

6.石马及马夫（头部残损）

7.朱雀门外的石人（翁仲）及背后的无字碑

8.西域地区酋长及商务高官石像61尊，遗憾的是头部受损

9.蹲狮雄伟有力，形态简约又稍有夸张，线条流畅

10.无字碑为一块通高7.53米，重9.88吨的巨型青石雕成，碑首雕有8条互相缠绕的螭龙，为中国历代石碑之巨制。唐代初立一字未刻，故名。宋金后有游人刻字其上，现今已风化不清。为何原来未刻字，至今任人评说

11.述圣纪碑身由5块1.86米的巨石叠压构成，加上顶盖和底座，俗称7节碑，取义为日、月、金、木、水、火、土“七曜”光照陵园

(12) 凤凰涅槃

——河南·洛阳·龙门石屈奉先寺

2

1

3

4

洛阳龙门位于市南部，龙门又称“伊阙”，伊水在龙门山与香山之间流过，形似阙门而得名，全景区9平方千米，龙门山海拔371米，悬崖峭壁上密如蜂窝的佛龛，形成石刻景观的主体位置。造像开凿始于北魏至唐，与敦煌莫高窟、大同云冈石窟齐名，成为我国古代佛教石刻艺术的三大宝库。奉先寺是景区的重点，窟位空间最大，南北宽30米，东西长35米，窟内主像是卢舍那大佛，通高17.14米、头高4米、耳长1.9米，面丰目秀，含情脉脉；似笑非笑，还又觉得有些庄严，至今没有一句准确的文学语言能说透彻。为什么？我想这就是雕塑家所要达到的匠意与灵性，或者说这就是艺术的真谛。

随景评说：
“造像”是造型艺术的中心，众多学派因风格而异。奉先寺诸尊是华夏文明的艺术典范。所谓“涅槃”，此并未“涅槃”。

1.龙门石窟奉先寺景观

2.奉先寺现存的几尊人物雕塑，风格与其他造像不同，世俗化的仪表，各司其职，各表个性，但又整体上完美协调。它们的下肢从远处看去稍短，似比例不当，但在最佳视距处观赏，确完全适当。反映了唐代艺术水平的高超与美学修养的深邃

3、5.文殊和普贤菩萨端庄矜持

4.阿难温顺虔诚

6.卢舍那大佛慈善、端庄，而内心充满力量

7.天王蹙眉怒目

8.力士威武有力

（13）天上人间

——重庆·大足石刻《宝顶山》

大足石刻始于唐景福元年（894年），历时数百年，到宋末基本完成，石刻造像分布于大足县40余处，总称“大足石刻”，本文仅以宝顶山为中心说明。在构景特点方面：

首先，题材独特，大多以佛教故事为内容（不仅限于造佛像），如“因果报应”以“地狱种种痛苦”为造型，教育信众崇善自律。

其二，劈崖开廊，在廊道上依石雕作，为故事造型的连贯布局创造了条件，景观空间开阔。

其三，石刻形象，以经文、颂词附加说明，这是与其他石窟不同的重要方面。

其四，造像富有浓厚的生活气息和地方特色，为研究古代当地文化艺术提供了材料。作为宗教、民间艺术，有如此高超的造诣，延续数百年的创作过程，实现这样壮观、气势磅礴的创举，这应是我们中华民族的骄傲。我们应该在石作艺术领域中有更恢弘的表现。

1

2

3

4

5

随景评说：
没有时代变革的震憾，就没有新石雕的发展，大足石刻见证了这个观点。当今盛世，艺术家应有所作为。

1、2.宝顶山是大足石刻景观规模最大的集中景区

3.图为地狱变相的故事。造像沿水平方向分层开凿，而又自然地以造型单元分段描写。形象真实生动，很少有现代雕塑中“脸谱”化的约束，说明匠师的艺术功力与生活感知的深刻

4、5.雷音图中骑龙遨游的雨师，似有呼风唤雨之力

6、7.牧牛图（局部，第30号），以牛喻心，以牧牛人喻修行者，阐述佛教调伏心意的修正过程。造像以山岩自然取式，洋溢着浓郁的乡土气息

8、9.释迦涅槃圣迹图（第11号），共刻像37尊，释迦右胁侧卧，长31米，仅现半身，采用意到笔伏的手法，以示佛大不可度量，这为石窟艺术中所罕见

10.左侧为九龙太子图（第12号），龙口吐水洗浴释迦太子，既意全像妙，又为九龙组雕增添了生动意趣

11.左侧为养鸡女（第20号），两只鸡争食一条蚯蚓，似有现代农村生活气息的写照

(14) 龙章凤姿

——四川·泸县·龙脑桥

2

1

四川泸县龙脑桥始建于明代洪武年间(1368—1398年)，已有600多年历史，但因地址居农村，受外在干扰因素小，至今十分完好。该桥全长54米，宽1.9米，14座桥墩，为石礅梁式平板桥。平桥的所有构件不用榫接，都是利用石块的自重叠砌，

3

随景评说：偏僻之乡，四物吉祥；天地人佑，永存万年。

1～3．龙脑桥虽不像拱桥高大雄伟，曲线美观，但吉祥物的雕刻却是寓意深邃，才艺高超。见图3自左起1、8为麒麟，2为白象，3至6为龙，7为青狮造型

4．这些吉祥物的尾部一侧雕刻也很精细、质朴、敦厚，与头部的风格相一致，并形成各自的整体形象而独立存在

4

桥身每单元重量超过30吨，中部桥墩雕刻有龙四只、麒麟一对、一只白象、一只狮，四类古代传统中的吉祥兽物，集聚一处实属少见，为全国重点保护文物。

龙脑桥所雕刻的吉祥物，造型气势磅礴，雄伟壮观，各部位雕刻雄浑刚毅，工艺规整，其细部刻工一丝不苟。故眼、耳、鼻，韵态十足。鳞翅流云，栩栩如生。这种发扬秦汉和唐宋石刻传统的雕刻技术，精湛绝伦，龙脑桥为此而名传海外，评价甚高，而国人知之者甚少。

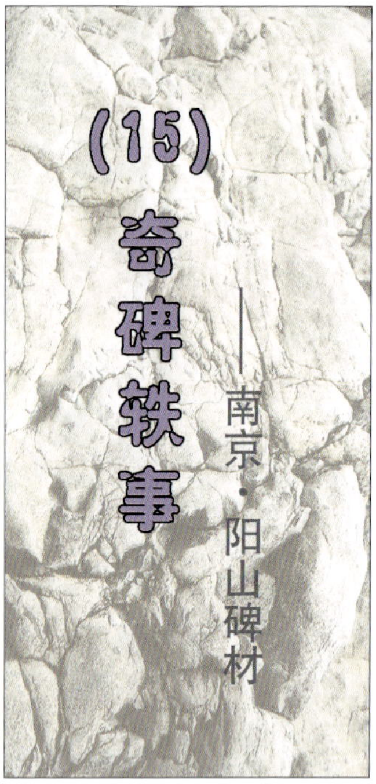

(15) 奇碑轶事

——南京·阳山碑材

南京西郊有一处明代文化遗址（现已开发为旅游风景），以“阳山碑材”的故事驰名中外，为游人惊叹。阳山碑材是明代皇帝朱棣，为其父太祖朱元璋营造孝陵时所开发，用于陵前神功圣德碑修建，到接近完工时却告中止，遂留下一个600年不解之谜。由于工程浩大，征募数千人，碑石奇大，自然会记入史册，广为流传于民间。清代袁枚《洪武大石碑歌》如是：“碑如长剑青天倚，十万骆驼拉不起”。

厚重的历史遗存和当地鲜活的民俗生活，为当今旅游市场提供了丰富多彩的素材，所以“阳山碑材”所在地汤山镇政府，开发明代文明村作坊生产，复建历史民俗风貌，作为南京阳山风景区的项目之一。使人游在文明村里，得到全新的旅游体验和休闲感受。

2

1

3

随景评说：
皇帝荒唐，创碑材奇观。贪官谋利，造社会灾难。

4

1.景区为让游人明白，明代皇帝朱棣要做的“功德碑”有多大，将它缩小为原来的九分之一，取名“阳山问碑”，放在进门的广场上。这块碑额0.72米、厚0.46米、宽1.44米（见图10）

2～4.皇帝为溢美之心，开发中的神功圣德碑，最大的特色就是一个字：大，大得出乎预料。其中：图2碑额高6.5米、厚10米、宽18米，体积1170立方米，质量（即重量）3112吨。图3碑身高52.5米、厚4.1米、宽13米，体积2798立方

5

6

7

米，质量7443吨。图4碑座高16米、厚30米、宽12.2米，体积5856立方米，质量15577吨。全碑总高度75米、总体积9824立方米、总质量26132吨。高度相当于现在25层的大厦这么高，世界碑材之最矣

5～9.景点建设按历史风貌规划、设计、运作，有园门、文化史迹、街区作坊、石雕壁画、山道等设施，文化内涵丰富多彩

10.每天上午开园之时，锣鼓民乐高鸣，隆重举行“阳山问碑”揭碑仪典（此碑为大碑的九分之一），让游人领略明代文化风采，宣布游客为“文明村”臣民，真有点戏剧性

9

8

10

由30块花岗石构成的造型艺术，象征生命的萌动、向上与成长，也蕴育着人的爱和理想。
作品由日本雕塑家空　充秋创作

我 的 话

——国画大师李可染先生墓志铭

我十三岁拜师学中国画，其间也学过几年油画和素描，但一生主要是和中国画的笔墨打交道，算来已有六十多个春秋。

“用最大的功力打进去，用最大的勇气打出来”是我早年有心变革中国画的座右铭。

四十岁拜齐白石，黄宾虹为师，老师和先贤的指引，使我略略窥见中国绘画的堂奥。

“可贵者胆”、“所要者魂”是我“打出来”前刻的两方印章。“胆”者是敢于突破传统中的陈腐框框，“魂”者，创作具有时代精神的意境。一九五四年起我多次到大自然中观察写生，行程十数万里，使我认识到：传统必须受生活检验决定其优劣取舍，而新的创造是作者在大自然中发现了前人没有发现的新的规律，通过思维，实践发展而产生新的艺术境界和表现形式。

在传统和生活的基础上进行创作，要克服许多矛盾：旧传统与新生活的矛盾、民族的与外来的矛盾、现实生活与艺术境界的矛盾…… “废尽三千”、“七十二难”、“千难一易”、“峰高无坦途”这些印章可以看出我在摸索创作中的艰苦历程。

现在我年近八旬，但我从来不能满意自己的作品，我常想我若能活到一百岁可能就画好了，但又一想二百岁也不行，只可能比现在好一点。“无涯惟智”，事物发展是无穷无尽，永无涯际，绝对的完美是永远不存在的。

3. 民间传统园林中的珍贵石景

——民间文化艺术物化的结晶

中国民间传统山石园林中，有的石景作为主题景观，如江苏的扬州个园、南京的瞻园、苏州的狮子林；也还有半园林半石景，或者是以石点缀演配角的、称小品建筑的。江南的一些林园美景，过去多属私家花园，这类环境景观追求的是一种精巧素雅，玲珑多姿的风格，犹如现今社会所说的时尚“靓女”。但我们探讨的园林小景可是有学问得多。

清代戏曲理论家、园艺家李渔认为“山之小者易工，大者难好”，至今这个造园理论仍然为业内公识。但是中国人聪明，大园难，就大园套小园，以院外有园，山外有山，楼外有楼，这不就化解了矛盾，大园也易做了。颐和园、西湖不是也同样做得很精美，世界一流。以小胜多，做得精细，小巧而园中有物、有景、有情。

现代园林首推叠山琢石，以真石造假山——“存真为假，做假为真”的审美观，完全符合中国画理的演绎，丰富了中国人对现实生活的情趣与想象力。如扬州个园的假山设计，使用了青褐色的石笋、灰白的湖石、浅赭的黄石、灰白斑斑的宣石，模拟出春、夏、秋、冬四景时令的山水景观，正是“会心山水真如画，妙手丹青真如山”的写照，“南石秀、北石雄”的气势全有了。造园家至今把“瘦、透、漏、皱、丑”当作观石标准，这仅是对石本身而言，石体在整个园林中的布局、朝向、作用，才是石景设计的另一关键问题，不可忽视。同时石也不是越多越好，好在妥当适宜。在现代园林中，也创作一些雕塑作品装点园林，引进了雕塑艺术的形式特征和审美特性，丰富的景观内容，起到中西文化融合的作用。但是作品主题应当是健康的，造型是美的，工艺是认真的，才不至于淘汰为“城市垃圾”。

(1) 花园牧歌

——北京植物园

北京植物园位于西郊香山公园和玉泉山之间，建于1956年，占地60万平方米，是我国北方最大的植物园。全园以植物展览温室为中心，共13个展室，栽种热带、亚热带植物1500多种。它虽然以植物景观为主，各类石材和建筑物配景也有特色，既承袭传统构园格局，也有现代综合园林景观的创新韵味，石品材料的应用有独到的见解。

1

2

1.弧架视觉造型实现现代花园的艺韵

2.太阳石配花坛五色菊科植物，光彩夺目，令人愉悦；如果没有这块硕大的彩石，那会是另一种感觉

3.悬崖菊与叠石相配，真有点名副其实悬崖的意味

4.盆景园里太湖石配景，马上显现南方园林的味道

5~8.植物园绿色中配白石景，一是填补空间，制造山水景色；白色石景有调和、提升低调色彩的作用

9.溪流把一个个小水景串连起来，加上石块阻水、分水、跌水，丰富了三维空间的形态和色彩，活跃了园林气氛

10.《红楼梦》作者曹雪芹纪念馆也在园内，为植物园涵养着一种特殊的文化营养

随景评说：植物为阴，石景为阳；有机配合，相得益彰。

3

4

5

6

7

8

9

10

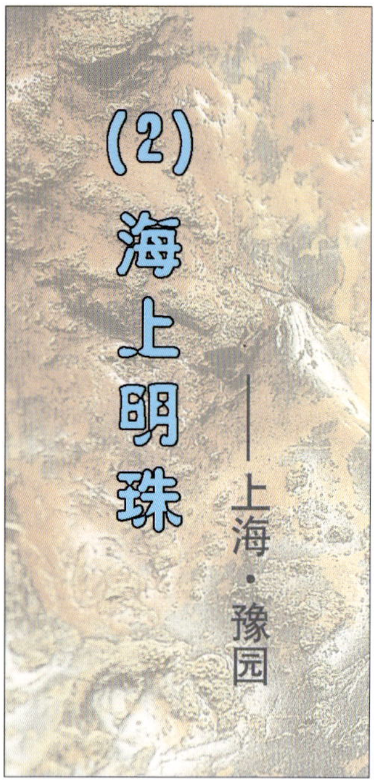

(2) 海上明珠

——上海·豫园

豫园明嘉靖三十八年（1559年）兴建，据“豫悦老亲”之意取名，经几代异姓园主修葺扩建，成为江南名园之一。1956年整修，恢复园景30余亩。从构景角度说：

其一，豫园厅、堂、楼、阁达10余处，相比而立，内部陈设十分豪华。这些景致在江南园林中，算是很起眼的。

其二，通过许多游廊、溪水、山石、亭、榭分隔构成许多庭院小景，耐人玩味。

其三，在上述建筑与庭院空间，以石景装点和植物配景相结合，构成江南典型的山水景观图画。如临池大假山；水中叠石配楼阁；玉玲珑峰石名冠江南四大名石之首；游廊上的美人腰奇石；积玉水廊侧边的积玉石峰等等石景，在豫园造景中占有主要的地位。

现在各地奇石产出渐少，石料价格猛涨，传统的园林叠石、置石造景技法，遇到材料匮乏的难处，新建园林和扩建，应当树立创新石景的观念，让美化环境有更多的取材途径。

1．内园是豫园景致更美之地

2．绿林、碧水、白色大假山，把我们带回到穴居的遥远年代

3．名石迷们可以在此欣赏到“美人腰”奇石的倩影

4．隔水花墙起到了透窗的作用，扩大了景区的通透性

5.水中叠石一是为相邻的快楼伴景，二是形成的倒影也十分动人

随景评说：景美、物华、洁净令人叹服。人多、声杂……有难言之苦。

6. 中间高耸的玉玲珑为江南四大名石之一，明代文学家王世贞吟诗赞美：“压尽千峰耸碧空，佳名谁并玉玲珑，梵音阁下眠三日，要看缭天吐白虹。”说明此石姿态婀娜，具有奇石标准定格之美

7. 穿云龙墙造型别致，龙虽为陶土雕塑烧制，与石雕相比，又是另外一种似石非石的感觉

8. 龙墙下用植物造型与石景相配，也很古朴自然

9. 积玉石峰之美该怎样去描述呢

(3) 五羊仙庭

——广州·越秀公园

“五羊仙庭”石景位于广州越秀公园木壳岗。雕塑家根据传说创作，周夷王时，有五个仙人骑五只羊来到楚庭（即广州），把口衔的谷穗赠给人民，祝愿五谷丰收，免除饥荒。言毕仙人消失，羊化为石。五羊石像用130块花岗石雕刻，高9.6米，底座直径10.8米。造型富有诗意，成为广州城市标志物。近几年，艺术家再根据传说，在主雕像的山麓边，增加了“五羊仙庭”石雕群，充实了五羊故事的画面，让游人一饱眼福。在花圃景区的山坡上，又增加了牧羊人的石雕，把人为风景更多融入自然情趣中去，这一造景手法也算别有新意。

1

2

3

4

1. 广州山好、水好、人也好

2. 四羊围绕主羊，突出主羊，造型层次就显露出来。主羊耳、角、左足的姿势，使羊的精神内涵表现十分充分

3~6.“五羊仙庭”传说故事的连环画式组雕，象征人民祈求美好生活的愿望。五仙隐去的表达也很有神采

7~10. 这一组图片，说明石景“融入”景观，讲究与环境的协调、自然原则，不是生硬摆进去了事

5

6

随景评说：一座好的雕塑，成全了一个城市的美好形象。但愿全国有更多的、受人欢迎的标志作品面世。

8

7

9

10

(4) 千古遗画

——广州·番禺·莲花山

莲花山位于广州番禺原古采石场遗址。“莫讶巨灵挥巨斧，应歌群匠凿群工”。中国古代劳动人民勤劳智慧，把开采石料之后的废石场，变成优美的山石景观风景区，这真具有创新之举。它与自然形成的山石景观相比别开生面，又是另外一种风情。现在经济建设中，石材用量猛增，媒体报道，乱开石、乱雕刻，垃圾作品不是个别现象。石场荒芜废弃，没有很好规划利用，实属可惜。我们希望通过莲花山石景开发利用的经验，引起各地石场的关注，为保护环境，造福子孙后代。

1

2

1、2. 莲花山面临海滨，是广东有名的佛教胜地。莲花仙子作为园区的点景石雕，秀美而自然

3~5. 原来的石坑作水景，沟壑架桥成交通，岸边植树养花，把刚毅的石景观改变为一片山水绿荫，柔美秀丽的休息之地。飞鹰崖、莲花石是以形象构思的石景

6~8. 充分利用深切的采石地址，形式挺拔笔立的石峰，加以石亭、水池、鲜花装点，景点十分幽雅寂静

随景评说：超越自然景观的雄奇、跨越人文景观的矫饰——一种特殊文韵的石景艺术。

3

4

5

6

8

7

9. 南海观音普度民众安康幸福

10. 利用倒塌的巨石空隙或采石留下的石洞，修成悬崖峭壁的有机空间，作为小商贩营业的地点，方便游人休息

11. 选择石山，雕凿成反映原来古代匠工劳作的风貌，圆雕、浮雕的技艺充分展示出来，形象真实生动，自然与环境再融合不过了

12、13. 南天门、剑门是应用采石有利地形，劳作时形成的两道石景，与宛若天成的自然石景没有什么区别，应算是名副其实的“巧作天工”了

14、15. 莲花山景区，在数十米的高壁上，选择了一些视角开阔，壁面比较平整的地方，显示摩崖艺术景观的特殊风韵，令人赞叹！其中图14的红色题字：云根，真有点乾隆皇帝的偏好。景区管理处做得恰如其分，题刻应尊崇：“少而精，文而雅”的原则，字是写给游客观赏的，字迹清楚点也很重要

11

12

13

16、17. 这两幅石景的“门”，你在当今雕塑家的刀笔下领略过吗？这真正是大师的“天作之合”——大手笔也

16

17

(5) 玉堂瞻石

——南京·瞻园

2

随景评说：
国画家的气势，景观师的造化。
油画家的重彩，文学家的诗意。

秦淮河畔的瞻园，是金陵古城璀璨夺目的一颗明珠。明时为中山王徐达的西花园，占地1.6万平方米。迄今已有600年的历史，所历改朝换代，都是重要的政治府第。乾隆下江南时，曾驻跸斯园，可见瞻园在中国造园史上的显赫地位。如今，游览过该园的民众，也会有别样特殊的感受。瞻园尤以湖石园驰名遐迩，与拙政园、豫园等并列“江南五大名园”。它以自然式山水，构成园林的地形骨干，结构得体，造景有法，山、水、建筑、园路、植物布局有序，又相互融汇，浑然一体。

静妙堂南临水面，把全园分隔成南小北大的两个空间，成功地弥补了南北空间狭长的缺陷，这是妙笔之一。

著名的南假山便耸立在小水池之南，故称南山。北山空间开阔，东临长廊，北濒石矶，西连石壁，南接草坪。南北两池有溪水相连，左分右聚，备显自然，这是妙笔之二。

全园东部新建区，回形曲廊，一步一景，厅、亭、阁尽收眼底。土山、建筑近旁有石峰、散点山石分布，使其间的连接平顺自然，发挥了山石小品“因简易从，尤特致意”的作用，出回廊向西、步入南山景区，南北两山东侧新增回廊景观和花厅，充实了山石水景的内涵，丰富了园林构景的线条和色彩，这是妙笔之三。

1

3

1.瞻园是太湖名石最集中的园林，著称者有仙人、倚云、友松诸石，吉祥石、如意石在艺园门内，亭亭玉立，窈窕多姿的两位“看门女”

2. 有名的东坡雪浪石

3. 以静妙堂鸳鸯厅南望南山，群山连亘，此起彼伏。主山洞倒挂钟乳石似的造型，构思十分罕见。组组叠石形态各不相同，接缝自然密实，还是只有用“宛若天成”来评价

4.静妙堂为静观南山景观的最佳位置

5、6. 从静妙堂的东侧隔水看北山，视野就开阔多了，东侧的水榭、长廊，与它对面高岗上的岁寒亭对景，丰富了构景效果

7、8. 东部新区的回廊、亭、榭、山石组合，使单调的南北山水顿时活跃起来

4

5

7

6

8

(6) 西子情影

——江苏·扬州·瘦西湖

扬州瘦西湖位于通向古运河的通道上，与杭州西湖相比，湖形狭长，但是它同西湖一样婀娜多姿，尽显清秀。“瘦”是秀的雅称，故此正名瘦西湖。繁多的景点，沿湖岸分布，长堤春柳、徐园、小金山、四桥烟雨、五亭桥、熙春台、二十四桥诸胜组成，俨然一幅幅美丽的连环画作，展现在游人眼前，令人目不暇接。石景在融入瘦西湖的画卷中，设计思想值得我们学习。

其一，充分利用瘦西湖的天时地利，把扬州书画气息融入景观建设中，是否可用“清、秀、雅”三字去概括。

其二，瘦西湖石景如点睛那样，五亭桥、二十四桥、玉板桥、徐园黄石假山、白塔等起到重要的构景功能，它们的相对位置之巧妙，对“对景”起到重要作用。

其三，一般用观赏石配景，处理一般不特意去显露配石的高大、奇态，多以小巧玲珑，格调高雅为宜。

其四，不同式样的楼、阁、亭、台，分别是各自小景的中心，既起到分隔的作用，也形成建筑风格的差异，使游人感到处处是新景，越看越爱看。

其五，导游线路平顺，疏导通畅，对创造良好的旅游赏景气氛十分重要（额外提及此事，因许多园林人挤人，希望得到设计人员的关注）。

1

2

1. 开敞的公园大门，显示大园风范

2. 徐园黄石景观（从常规概念理解，它应当用湖石）出人意料用黄石，它突破了“秀”的束缚，用“壮”去平抑瘦西湖“秀”的过度，妙也

3. 从徐园门外即可洞察园内的景观概貌。“徐园”二字在书法形式上还真奇巧

4. 用自然石作碑说明景观。原是唐代银杏，遭雷劈断，后植凌霄，攀援而上。春来夏初，花红叶茂，似“枯木逢春”，处理得温文尔雅

5. 湖石作花坛，边上种兰草，石坛端部种树障景，十分有趣得当

6. 书法家启功题字：金枝玉树

7. 从远处看五亭桥、白塔，隐蔽在绿树丛中，小船摇荡，多么惬意

3

4

8. 五亭桥，通过十五个桥孔，使石桥通透、秀美起来，黄瓦、红柱、白桥、碧水、倒影相映成趣。亭顶如做成一个大屋顶，该是多么逊色

9. 双曲拱玉板桥正好有一只小船通过，把白石桥点缀得别样有趣

10. 苏州小调委婉动人，取得音与影和谐的良好效果

11

13

16．毛泽东诗词草书雄健、达意，寓意也很深刻

17~19．瘦西湖是文人雅士云集之地，亭台楼阁、楹联书画、香案供石、八仙桌椅设置整洁、雅致，这就是南方园林的本色

20．“雄剑”拔地而立，多少还是透出“秀”的意味

21．石栏曲桥的雕工设计，还是有点不够“味”

12

14

11、12．太湖石在景区装点不多，但都十分奇特

13．火红的螯子花点缀着西子湖的绿岸

14、15．这块石碑立得多巧，点出此处是二十四桥最佳观赏地，这一招高。近观二十四桥也很雅致

15

16

17

19

18

20

随景评说：

瘦西湖具有风景的审美特征(如形象、色彩、动态和朦胧美)。又因“瘦”，自然地将大多数景观，自然地呈现在人的视觉所及的最佳界面上（即最佳观景的距离、角度、方法和时间)。两种因素相结合，得出瘦西湖美的感受。由此道出人文景观与自然景观综合设计的重要性。

21

(7) 四季同园

——江苏·扬州·个园

据传，个园初为清名画家石涛寿芝园故地，画家取名也极富画意。园内种竹千竿，因竹叶形如“个”字，故名。而且建园思路依四季不同时节的石景景象载入画卷。这样大胆的设想，在全国园林中也不多见，不愧是画家诗情画意下的笔墨。

1

2

3

1～5. 入园门，用湖石筑花坛、叠石，十二生肖的动态就显现出来了。用刻石的形式记载园史，很有文化气氛

随景评说：用山石特色构筑时节变幻的意境，可谓匠心独运。这就是石文化情趣广博、精深、无一定势的浪漫。

春，入园门，迎面花坛种竹，竹间立石笋——春天的象征。园门后十二生肖形象的湖石，犹如动物园里的生灵，活泼可爱。

4

5

7

6

夏，经过北面的宜雨轩，前植桂树，后设水池，叠山筑亭（鹤亭），沿北墙建楼厅“壶天自春”，内设十分豪华，楼下外檐为游廊。此时，山、水、亭、楼、廊齐全了，夏日晴雨，水中倒影变幻，一幅幅中国山水画景象定格。

8

6～11. 夏季石景：水池、叠山、石洞、曲桥、石鱼、石蛙、鹤亭、浮莲构成了一派夏季景色气息。设计者进一步用石景造型，构筑“奇趣”的氛围。其中图6为洞中观景；图7、图8为楼山造景（从山顶可直入二楼厅内），都是造景的绝妙手法；图9为假山与鹤亭配置，别有洞天；图10为石鱼造型又添生气；图11名曰：“丑”字石，“丑极为美”，艺术家有这种感悟。这里也是游人小照取景的热门地点

9

10

11

12

秋，经“壶天自春”复廊或楼下小道往东，即可到达黄石假山，其山拔地而起，山峭壁陡，石洞自下向上盘旋可到山顶，山中有石桥、石室、小院，山上有古松、小亭，弹丸之地，能有如此精巧之作，只有画家和匠师的大手笔，才会出现这样的杰作。由北往东南而行，山景色彩变化，由初秋、中秋到晚秋，只有细细品味才能细分。

13

12～17．秋季石景：先入初秋（石色浅褐）；二入中秋（石色浅赭）；三入晚秋（枫叶火红）

14

16

15

17

冬，在园内的东南角，有一小院，该是白雪纷飞的冬季景象了。匠师巧妙地选用宣石（雪石）堆起冬景，给人积雪覆石的质感，石面的石英结晶放出耀眼的光泽。雪山的墙面开四排尺许大的圆洞，寒风吹过，“琴声呼呼”，表现声形艺术的造园手法，真是技巧绝妙。

“扬州以名园胜，名园以叠石胜”。“四季假山”是扬州园林的杰出代表，有些手法，可能真是石涛的山水精品。

18～20．冬季石景：宣石深褐色覆斑斑白色，如雪色质感

21．冬、春之间隔墙有一圆窗，可窥视春景局部，意示冬去春天即将到来，真是想得奇巧

22．步入北园，一面翠竹，大片碧水，倒映着山石树影，一派春夏湖光山色，令人流连忘返。一天游四季景色的景园实属罕见

(8) 人间孤本

——江苏·扬州·片石山房

相传该园为清初大画家石涛和尚拟构，故其假山被誉为石涛叠山的“人间孤本”，于1989年修复。主峰高10米，苍岩危峰，临池而立。片石似自然跌落堆成，无人工迹象，腹筑石屋两间，古朴自然，即所谓“片石山房”。

主峰对面有水榭四楹突出水面，榭内布置琴棋书画，将“书香门第”气氛营造得十分浓重。石涛诗云：“白云迷古洞，流水心澹然，半壁好书屋，知是隐真仙。”登峰巅、观全景，廊道亭榭相连，婉转多姿，碧波倒影，山水辉映。

叠山精巧自然是该园一大特色：按石块大小，石纹横直，构成山峰，体现了石涛“峰与皴合，皴自峰生”的画理。

该园占地780平方米（一亩余），方显皇家园林山水的刚雄，又求南方私园阴柔的精华于一体，重点突出悬壁、曲洞、盘道造型，从整体上淋漓尽致地写意，表现峰壁的奇俏和动势。从此，开创我国园林写意布石、垒山、叠壁的构园造景新境界。

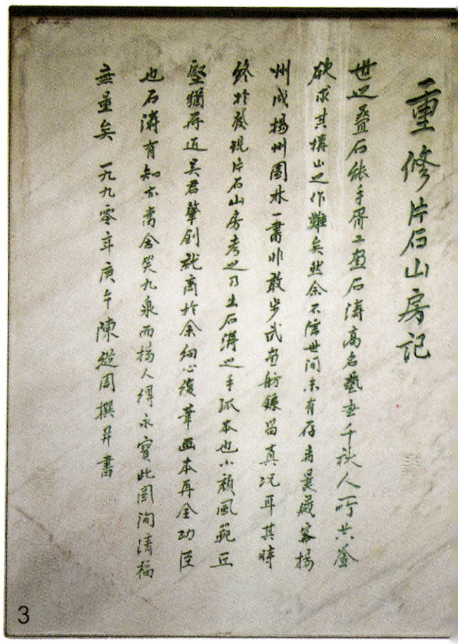

1．狭长的过道，墙上嵌人湖石，真是神奇妙作

2．砖墙转角处“贴”一湖石，自然造化，令人心奇

3．占地一亩余的小园，诗情画意表达得如此充分，拜读了中国园艺大师陈从周先生的记述，对设计者构景的感悟，认识可能又会深刻了许多

4．亭台边角立一湖石，构景十分独特别致

随景评说：
无论“孤本”是否存在，都表现了叠山琢石艺术的真蒂——空幻、惬意与对意境的追求。

5. 驻足环视丘壑池面，你会发现一轮明月映人碧波，寓有欧阳修诗句“清风明月本无价，近水远山皆有情”之意境

6、7. 石屋由山洞构架，造型自然，野趣十足，典型的山水画意之作

8. 正中廊壁上设置一面镜子，将对面的石景映人其中，仿佛一幅山水画作，妙哉

9. 从石屋向外张望，对面片石山房的景色又另是一种情景

10. 湖石、漏窗、题字、设廊，一丈之余内，构成一道园景，手法高人一筹

(9) 风壑云泉

——江苏·苏州·虎丘

虎丘又名海涌山。春秋时，吴王阖闾葬于此，始建寺庙。后周显德六年（959年）重建宝塔，存留至今。至乾隆巡游时，景点达200余处。山之四周一片平畴，水网交织，难得有此丘峦，故历代朝政十分关注景观整造。苏东坡谓“到苏州而不游虎丘，乃憾事也。”虎丘山势，形态特别，东、西、北三面山峦环抱，南面开敞，十分适合石景铺设造势，故头山门、海涌石桥、二山门、憨泉、枕石、试剑石、千人座、剑池、古塔都是虎丘的著名石景。因山丘起伏，亭、台、楼、阁各抢地势，高低错落，构成一幅既由人作，又是天成的山水画卷。

虎丘已有2400年历史，又因山势真有“虎”气，山林密茂，山石资源丰富，长期关注文化精华的积淀和文物保护，以及现代文化生活情趣的注入（举办苏州文化节、苏州民俗游，以及接引各地民间文化的交流等），值得景园设计人员实地体验学习。

1

2

3

4

5

6

1～4."吴中第一山",山门到山顶宝塔,由近及远的聚焦,十分有利于景观氛围的渲染

5～8.山道边设置具有种种民间传说故事的石景,如憨泉、石桃、试剑石,使游人驻步听导游讲述

9.过去僧人讲经打坐的"千人座",现在变成文娱演出的天然场所,周围的山石是观众席位

随景评说:
凭虎势地貌,借墨宝生辉。
藏剑池悬念,传千古风流。

7

8

9

10

11

12

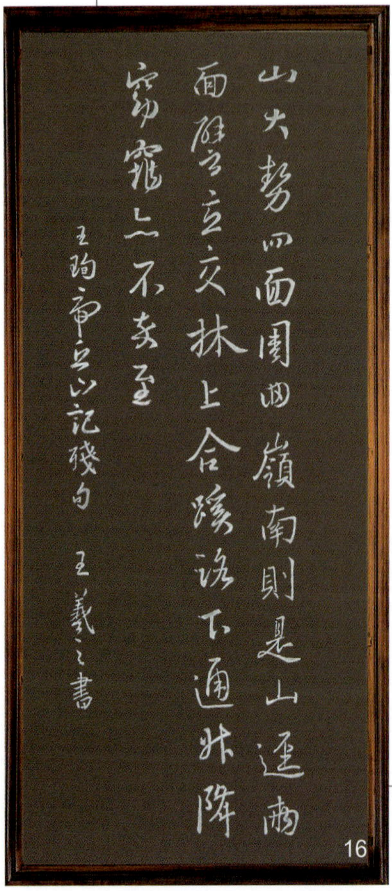

16

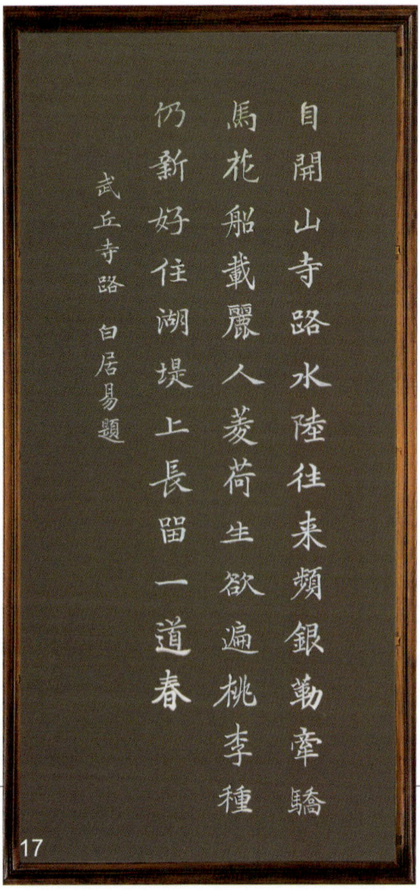

17

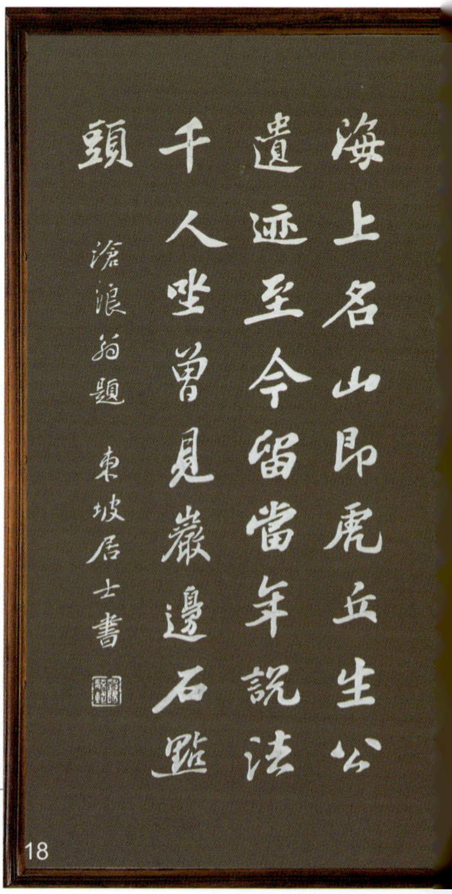

18

13

10、11. 剑池石壁上"剑池"二字为元代周伯琦所书，还有宋代书法家米芾写的"风壑云泉"

12、13. 山顶有一些厅堂建筑，陈设十分典雅，致爽阁是其中之一，供石、石插屏、明清家具都很考究

14. 北山后有"响师虎泉"古井遗存

15. 拥翠山庄是虎丘唯一的一座山石风景秀丽的园林，园墙上书刻"熊、豹、虎、龙"四字苍劲有力，还未入园，先给你打出"广告"，到底园主想说什么

16～20. 虎丘碑廊是虎丘最珍贵的文化遗物，都是历代文化名人游览虎丘留下的墨宝，共十余帧，仅选5帧供读者欣赏

14

15

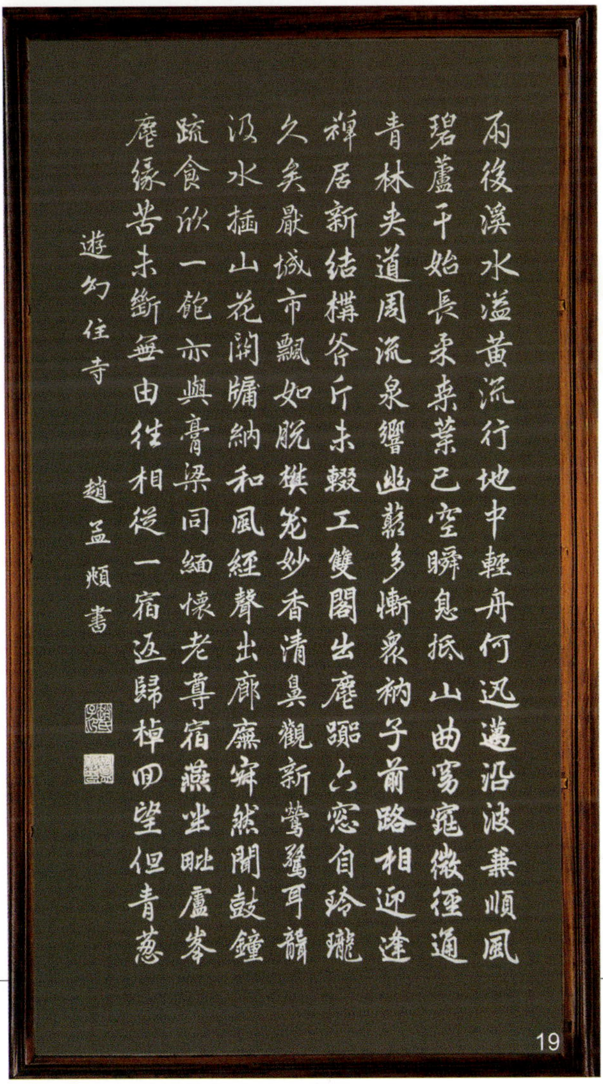

19

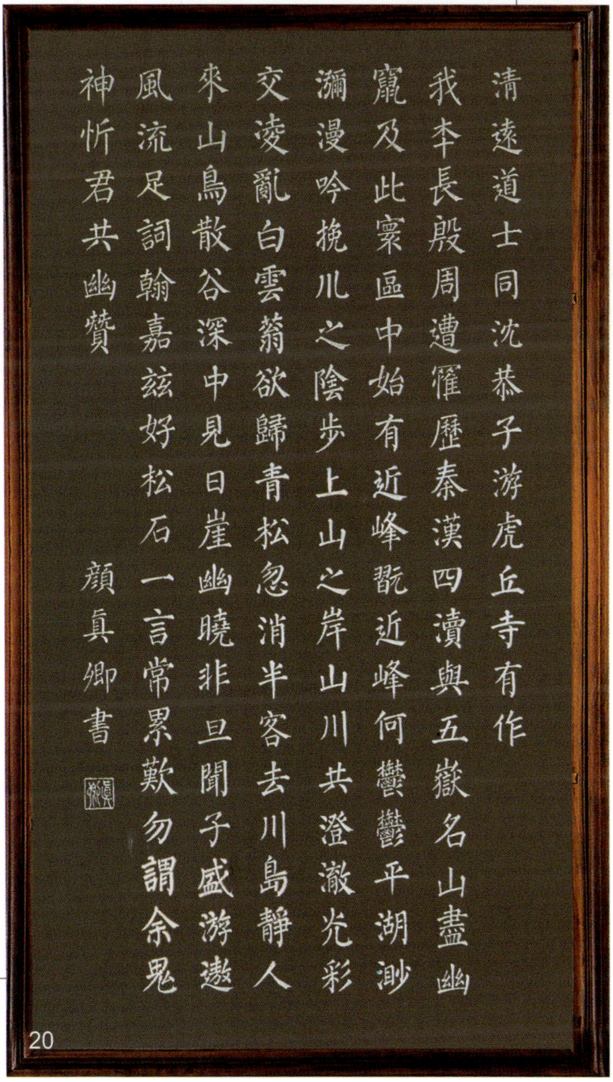

20

(10) 仙苑停云

——江苏·苏州·留园

留园始建于明代嘉靖年间，迄今已名扬全国400余年。中国传统文化中对园名的酌定不拘一格，似乎又非常缜密，留园之名就是如此。我认为因园美，令人“留连光景”，岂不也是理由之一吗？一般专家认为，留园以建筑布局紧密，厅堂宏敞华丽，装饰精雅见长，尤以建筑空间的处理著称。不错，但它不是纯粹的建筑展览馆。换个角度观赏，中部经营日久，环池、厅、楼、榭、亭、廊、漏窗、敞窗、四时花园，一应齐全，移步换景，变化万千，令人陶醉。还得说，留园出名，少不了本书主题——用石构景，以云喻石的独峰，如冠云峰、岫云峰、瑞云峰、断云峰、伫云峰。五峰仙馆院里大假山，为叠山胜景。给游人留下印象最深刻的，当属江南名石冠云峰。

1

4

2

3

5

1.留园内园景观

2～6.冠云峰、伫云峰、瑞云峰，以及揖峰轩“鹰斗犬“小景，都是留园的看家石

7、8.室内插屏（大理石图案）和鱼池景色，这些小品性的点缀，在构景中也是不可忽略的小事

9～11.石景在构景中的作用，个别时候是主角，大多时是配角。这三幅照片里的石头，石刻造型可琢磨出许多造景的学问来：建立建筑物间的连接关系；填补空间；修饰连接点；营造生活气息；返璞归真……

6

9

7

10

8

随景评说：
十峰停云处，亭台也相宜。
细赏冠云峰，游客似梦中。

11

(11) 小家碧玉

——江苏·苏州·网师园

1

网师园原为宋代史正志的万卷堂故址。经多次兴废，逐渐形成宅、园、建筑浑然一体的格局，但三部分仍然分明，以封闭独立、精致玲珑、小中见大取胜，颇有小家碧玉之姿。为什么布局上有以上特色，我们把几种山石景观的构筑形式集中起来，作些粗浅的分析。

2

3

4

5

6

7

9

随景评说：
小园就地势，也能显功夫。
平常太湖石，静观趣无穷。

8

10

1.小水池、小路、小桥占据的空间也小，一派私家园林小巧意境

2～4.对景布局：将石景集中布置在厅堂小院一侧，与厅堂对景，其间让出一定空间，从厅堂观赏石景，就显得舒展通透

5～7.依墙布局：由于小园连小园，墙体长度大，石景依墙设置，节省占地，自然地起到引导游向的作用，空间通透，景深感加强

8～11.依角布局：利用墙角、游廊拐角、行道转弯处的有限空间设置石景，节省占地，美饰死角，扩大视觉空间

11

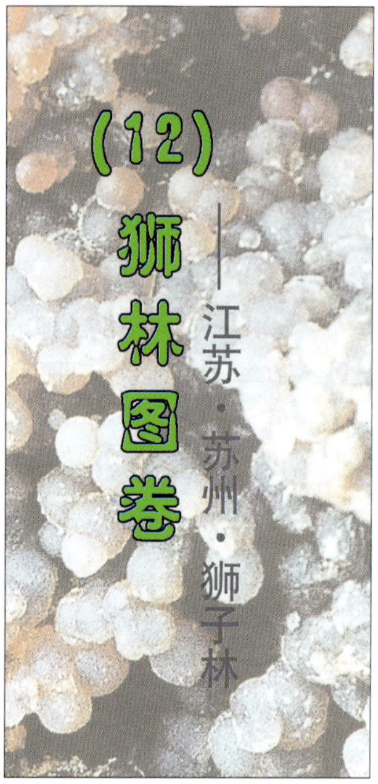

(12) 狮林图卷

——江苏·苏州·狮子林

狮子林始建于元代至正二年(1342年),数百年来，狮子林盛名江南。传说造园时，园主请当时画家倪云林等人共同参与设计，画家当即绘《狮子林图卷》,并赋诗一首，指点叠山，后成精品。狮子林造园的成功，一是依地势结构多样，东南多山，依山集中石景营造；西北多水筑地，建亭（湖心亭)、构舫；建筑集中在东北两翼；山石景观，水草树木就势布局。暗香疏影楼、石舫、真趣亭、荷花厅、卧云亭、修花堂，居高临下，是观赏石景的绝佳位置。

名曰狮子林，当然是以石狮造型为主的石景群落为景观对象，这种模拟动物造景方式，各地也有些设置，而狮子林的写意手法，有独到之处。可用“似是非是”来解读，这种名人有名人的理解，小孩有小孩的看法，所以百看不厌，妙趣横生，不亦乐乎。说明这里才是孩子们的真正乐园。

1.进园门之后，以“九狮迎客”为题意的叠山技艺高超，真有点广东粤狮贺岁的欢庆气氛

2、3.这是狮子林临水部位的主景区

4.“在高岗平台上，一群大小狮子玩耍正欢之时，狮王一声令下：停！瞬间全部狮子化石为迹。”这是导游给游客讲述的故事。大小石狮的神态，真有几分天真

5、7~9.水中的、高岗上的、岸边的狮子，正向游人探示，要食、起舞……

6.狮山的石洞，显得处处空灵，具有岩壑曲折之幽，峰回路转之趣

10~12.庭院叠山，扇亭前的堆石，石榴树下的石饰，分不清谁配谁，融合得多自然

6

7

8

随景评说：
野趣环境营造大胆，动态狮性表达自然。

9

10

11

12

(13) 清淡适情

——江苏·苏州·怡园

1

2

怡园建造始于清同治、光绪年间。原园主建园以颐性养寿为旨，故曰怡园。当时任伯年等画家参与规划，现在的景观主体基本保持原来的格局。怡园建造虽晚，但“博采众长，自成一格”，至今这句话还应当是治园的指导原则。叠山参照环秀山庄，假山洞壑颇得狮子林之趣。由于湖石来自当地废园，故湖石多而精美，造型玲珑剔透，点缀随意，不迷成规，构景新颖。

庭院东部廊壁上，嵌有历代书法名家王羲之、怀素、米芾等人的书法刻石多方，这是名园中常见的配景手法之一。另一处石景也有典故传颂，拜石轩的名字取于“米颠拜石”（即“米芾拜石”），天井中的怪石也就沾了光，常有人寻觅拜访。“小沧浪”亭居高临下，可观全园景致，亭后有三块如屏大石，上刻“屏风三迭”，真奇石也。从亭左边下山，入洞仿佛到了地宫，有钟乳石，石桌石凳，也算珍奇之景。

3

4

5

随景评说：
环秀为蓝本，
雄奇赛狮林。
石石有个性，
揉碎始创新。

1.凿池堆山，扩增空间为小园造景的重要手法

2.花枝招展配湖石，一刚一柔，一川风月

3.大树下一对“情侣”相依而立

4.厅堂、石台、曲桥、湖石、盆景布置得随意自然

5、6.漏窗作为湖石的背景，相得益彰

7～9.湖石派对而立，石型选择得当，位置合适，也会模拟出许多形象

10、11.别看不起低矮的湖石，配置妥帖，也很有学问

(14) 孤峰奇秀

——浙江·绍兴·柯岩

柯岩位于绍兴兰渚山下，是隋朝以来采石形成的山石奇景，占地687万平方米，山体陡峭不可跃攀，采石之后岩前留下两座独立石峰。其中一峰雕塑一尊石佛，高10米，顶背之后有如石鼎覆盖，不受雨淋，造型美丽端庄。大佛附近另有一孤峰，高30余米，顶遗“石庙”一座，足如立锥，亭亭玉立，如云出岫，名曰“云骨”。附近还有七星岩、清水塘等石景。

走向佛像的石道上的大型莲花石雕，直径9.9米，由99块巨石雕凿拼成，含“九九归一”之意。人立莲心，晴天人影与佛影在一直线上，意“人佛合一”。立此低语，即有回声，其间“莲花听音”，十分奇妙。

1

2

随景评说：
古石用尽变桑田，
积淀文化留奇迹。
当今石场千万个，
学习柯岩也不晚。

3

4

5

1.古采石场遗址奇观，显示石工匠师开天辟地的劳作精神

2～9.著名书法家启功先生题写的：“天下第一石”。两尊独峰，为古代采石场遗石，经1800年历史的雕琢、营造，形成了以石骨、石佛、石壁、石潭、石洞为形态，自然与人文合璧的纯石景观，至清代就已形成“柯岩八景”，驰名东南，为全国所罕见

6

7

10．新景区雕刻了一些石作，如以饮水思源为主题的释、道、儒三教智慧人物的石柱

11．以原石场石岩修建而成的清水塘等景观，也如自然景观一样吸引着游客

9

8

10

11

(15) 断云悲歌

——浙江·绍兴·沈园

4

1

随景评说：
断云云断情意深、
情深意切图画中。

沈园早在南宋就是当地名园，园中石板小桥流水，亭榭楼台生辉，假山林荫，占地4万余平方米，后几经兴废，近代已经荒芜。1949年，沈氏最后传人将原园平面图捐给国家，沈园日渐新颜。1985年又进一步修葺，保存了六朝井亭、宋井亭、半壁亭、拱石桥、断云石、诗境湖石等古迹，新建了陆游纪念馆等景观。

提到我国宋代诗人陆游《钗头凤》的词，读者必然因陆游与唐琬的婚姻悲剧而同样伤感。特别是绍兴二十五年（1155年），两人在沈园邂逅所发生的故事，更牵动着许多年轻人的心，有机会都想到绍兴沈园看看。我国有许多园林，都是因石文化中的动人情结而扬名，说明景观建设需要文化的蕴育。石文化有着特殊的载体形象，又适合用石体艺术的造型去融入景观环境，我想沈园就是生动的一例。

2

5

3

1.园门处断云石点出沈园的故事主题

2.诗境湖石置于园内诗境广场，象征诗人陆游出神入化的史诗意想境界

3.孤鹤轩石栏内保存着一件原宋代沈氏花园遗石

4.务观堂保存许多有关陆游的史料

5.宋井和宋井亭

6～8.陆游和唐琬的词《钗头凤》刻石石景。1962年，郭沫若先生慕名访沈园填写一阕《钗头凤》词，以谢沈氏后人的款待。“宫墙柳，今乌有，沈园蜕变怀诗叟。秋风袅，晨光好，满畦蔬菜，一池萍草，草，草，草。沈家后，人性厚，陆游一册蒙相授，来归宁，为亲病，病情何似，医疗有幸，幸，幸，幸。”

9.陆游行医生活为主题的“孤村夜雨”雕塑

10.陆游手迹书碑——它抽象地表现了历史对诗人一生的概括评价，凄婉的爱情经历，一生高昂的爱国热情的写照

11.“心池”设置在园区僻静处，一个心形的造型在池中，池旁点缀一湖石，我想设计者在说：游沈园之后，你的心在想……

（16）时来运转

——南昌·滕王阁

1

2

滕王阁在南昌城西赣江岸边，始建于唐永徽四年（653年），由太宗李世民之弟，当时的洪州都督滕王李元婴营建，故称滕王阁。上元二年（675年）九月九日，重修该阁完毕，官方大宴宾客。王勃席间作《滕王阁序》，成为千古传颂名篇。滕王阁独为江南第一，与岳阳楼、黄鹤楼并称“江南三大名楼”。可见临江观景的滕王阁历史地位与

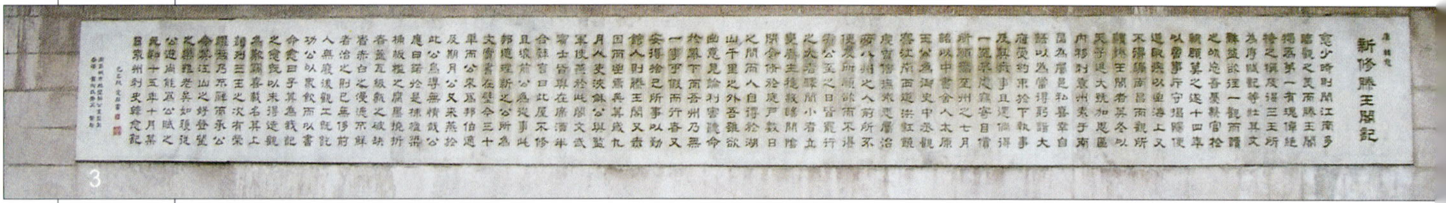

3

4

1～5. 滕王阁巍峨雄壮，布局匀称，阁身与基台及两侧附属建筑物配置适宜、和谐，台前的大雕花石宝瓶、狮子、新修滕王阁记石刻、寿字石等，对主体建筑起了良好的衬托作用，散发出历史文化的传统气息。选件精炼，以少胜多，大家风度

6、7. 阁内展出众多文化精品和艺术杰作，体现了《滕王阁序》中“物华天宝，人杰地灵”的丰富实质

8. 石坊上选刻唐杜甫《戏为六绝句》之二，后一句：“尔曹身与名俱灭，不废江河万古流”，已成千古绝唱。就今天社会、做人、行事也是无声的劝告

9～11. 滕王阁1300余年来，经历29次兴毁的大劫难，到今日终了“永垂千古”的夙愿，如石坊石刻“时来运转”，游人可到此撞大钟求吉利

5

6

7

景色之美。1985年10月第29次重修该楼，按建筑大师梁思成先生1942年所绘草图，钢筋混凝土仿木结构建造，名副其实的人造石阁，共9层，高57.5米，石台高12米。正门两旁是毛泽东生前手书“落霞与孤鹜齐飞，秋水共长天一色”巨联，其余楹联、匾额集古今书法之杰作一阁，新阁恢弘壮观，风格高雅。石作虽然不很多，但有几件值得读者浏览参考，毕竟此地是“物华天宝，人杰地灵”之乡。

随景评说：
石无言而言千年厄运，
时来运转遵先人古训。

9

8

10

11

(17) 水工胜迹

——成都·都江堰

都江堰是我国古代创建的一项巨大水利灌溉工程，名闻中外。战国秦昭王时蜀郡守李冰率先兴建。岷江汹涌，建工程鱼嘴、飞沙堰、宝瓶口，控制水位和流量，将水引入成都平原，灌溉农田和饮水，化水患为夷，变害为利。在保护水利工程，改善生态环境的过程中，都江堰变成了风景优美的旅游之地。我国水利工程甚多，大多数工程区域生态环境优异，交通方便，特别是水环境得天独厚，水产丰富，水上运动天地广阔，有条件开发出更多的休闲、度假、旅游胜地。水利工程与水、石、林木打交道的机会多，所以都江堰在长期的文化积累中，留下了许多石景，有的艺术造诣极高，值得景观设计人员借鉴。

2

3

1

1. 都江堰市新建的李冰父子铜像

2～4. 入园之后进入堰功道，有花园、水景、都江堰历代水利功臣塑像等，尤为令人叹服。有一座“镇龙碑”，以示都江堰工程变害为宝的胜利。造型虽然以龙为主题，但寓意深刻，形态新颖，为全国罕见

5. 治水功臣李冰雕像，为东汉建宁元年（168年）造，高2.9米，浑厚朴实，胸前有题记及造像年代。1974年在江心发现，实属难得的重要文物。石景总是与文物有着不解之缘

6、10～11. 过去的石笼马札（起堵水、分水作用）已成文物展出；

4

5

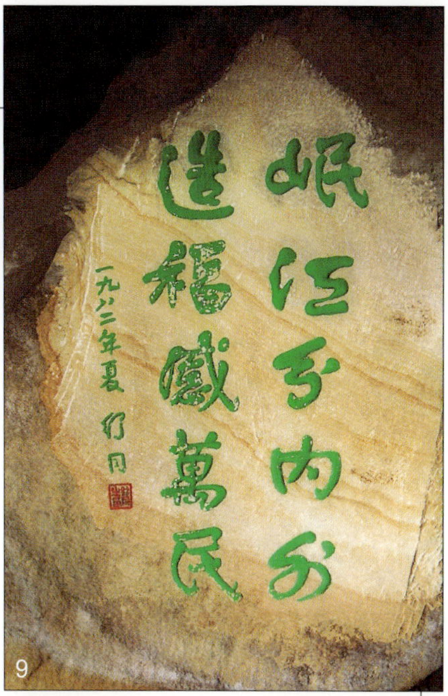

花州栈道、宝瓶口，既是工程，又是风景区，风光宜人

7～9. 风景区还有许多著名题刻，以及治水经验的总结，将都江堰的科技、文化、艺术，融合成一个整体。这种表现形式，在全国风景设计中，还是非常值得参考的。乾隆书题的“离堆”二字、成都府官员书题、书法家舒同先生题字，也很为景点增色

随景评说：
工程好、风景美、文物多，可供水景旅游开发借鉴。

（18）盛世开篇

——昆明世界园艺博览园

昆明世界园艺博览园为1999年昆明市大型国际园艺博览会的会址，博览会闭幕后，园址定为永久性风景区，占地218万平方米，植被覆盖率76.7%，水域面积占10%～15%，景区为山地，故使山、水、林及建筑物的融合构成创造条件，充分体现了“人与自然和谐”的主题。室外展示中的国内展苑，布局在景园的西北部，按全国省、直辖市、自治区为独立单位建展园，充分展示各自的自然、人文风情景观特色与文化内涵。这次博览会将我国改革开放以来，园艺成就集中展现在世界人民面前，这是新中国成立以来的第一次亮相。投资大，设计精美，施建认真，经营管理理念和水平有了较大提高。对会后我国园艺建设与发展产生了巨大影响。特别是石景的特殊功能与效果，在这次会上也得到充分展示与应用，当然也还存在着一些观念与创新方面的问题。我们选择了部分省、直辖市、自治区的景观片断，提供业内人士参考，并请指正。

随景评说：

传统、创意、精美，自然、人化、和谐，A1级世博园设计的体现。

1.“EXPO '99”多国文字刻石的断崖壁雕

2.北京万春园，体现了皇家园林的富丽堂皇

3.天津园，用浮雕艺术展现北方市域文化的特色

4.河北燕赵紫翠，用石幢造型展示古老的燕赵文化

5.山西槐香园，依照太原晋祠鱼沼飞梁的石建筑及五台山佛教文化特色构景，设计很别致、明朗

6.内蒙古草原之作，现代与传统风格体现很充分

6

9

7

10

7.黑龙江天鹅园，北方风情融合于一体

8.上海明珠园，将都市的建筑特色一览无遗

9.江苏东吴小筑，以山水、楼、阁、榭、亭的形式布局，江南园林风格都集中在一个画面之中

10.浙江源园，古代中越文化景象全用石造型表现出来

11.安徽徽园，用石坊造型营造了徽文化的遗迹

12.福建生态园，以热带植物作材料，构筑景观也很独特

11

8

12

13.江西瓷园，必然以瓷土造型的文化精品来表现，门前的大花瓶就是代表作

14.山东齐鲁园，儒学所反映的文化特征，用石为载体是最合适的首选

15.河南豫园，石琮和鼎，中原古代文化的象征

16.湖北楚园，楚国的后代用仿石坊，表现屈原精神也很有创意

17.湖南潇湘园，再现张家界

如诗似画的山水画意，象征一种文化烙印

18.广东粤晖园，南华禅寺和“五羊仙庭”的造型，反映的是岭南人民对新生活的向往

19.广西山水园，象山和伏波山的再现，说明壮乡人民对大自然的永恒依恋

20. 海南风情园，鹿回头是海南风情中最美的故事

21. 重庆巴渝园，大足石刻是巴蜀文化的历史描绘与自豪

22. 四川蜀风园，自从三星堆遗迹的发现，“蜀风”二字赋予了巴蜀大地新的文化色彩

23. 贵州黔山秀水园，梵净山的石崖是贵州历史文化书卷的象征

24. 云南园，二十六根民族图腾石柱和孔雀造型，是彩云之南的形象语言

25.西藏格桑园，色彩美如织锦而与众不同

26.陕西唐园，“六骏图”是大唐盛世的历史写照

27.甘肃敦煌园，“丝绸之路”文化的辉煌缩影

28.青海江河源，“雪域魂”为中华民族血脉之源的象征

29.宁夏宁春园，伊斯兰文化有新颖的表现力

30.新疆西域情，能歌善舞民族心声的流露

31.台湾园，一块石饰“双潭秋会”，诉说着日月潭的美丽

1

(19) 寺院奇观

——西安·清真寺

随景评说：
人有心，顽石创奇景；
若无心，有玉也枉然。

2

3

4

西安清真寺又称化觉寺，始建于唐天宝元年（742年），占地面积1.2万平方米，主体建筑为前后大殿、省心殿、凤凰亭、朝阳殿，合称五凤朝阳殿。大殿可容千人礼拜。石景分布于露天大院中，有几件珍石在室内。进院门，视觉通透，石景映入眼帘：石坊、石坛、石碑、石阶随处可见，其中自然置石景是最珍贵的大型奇石，花色纹样十分精美，珍藏的年代看去也十分久远，实在难得。据说是寺里的阿訇马良骥先生多年精心收拾护理，才得今日之胜境。

1.省心亭前后的石作精细优美，遗憾的是年久风化严重

2～4.这三块奇石花纹代表了三种不同地质作用的成因，仿佛也演绎着社会变迁的种种残酷现实：“优存劣汰”、“热融”和“冷冻”

5.展厅里门后有一双狮石，十分可爱，“幼狮”也有不少年头了

6.黄杨木屏扇、大理石插屏和桌面，也是这里的珍藏宝物

5

6

(20) 虎跑梦石

——杭州·西湖·虎跑公园

2

1

1983年，根据“虎移泉脉”的民间传说创作一组雕塑，在滴翠岩后的山腰平台上，借用一组巨大山岩叠石，生动地刻画了两只猛虎接踵跑出水泉，而性空禅师犹如自怡梦中，安然与猛虎为伴，整个环境既宁静，又富有野趣，动静相辅，相得益彰。

书法家沙孟海先生书题的“虎移泉脉”四字刻于石壁上；顾廷龙先生的大篆“梦虎”二字，成为虎跑公园点睛之笔，永远吸引着游客。

1～3．性空禅师和两只猛虎“合作”的故事，也让人们感悟到，“万物与我同根”的生态哲理

4、5．虎跑泉寺内的两处石景，在造景艺术上值得我们浏览，山石来自大自然，石景创作的根本应返璞归真，为人们的生活乐趣注入活力

随景评说：虎随清泉潺流下，性空怡然在梦中——故事真优美

3

4

5

为山铸魂

——凝固时空的吴为山雕塑艺术

2006年7月北京艺坛吹进一股清新的文风——《文心铸魂》·吴为山雕塑艺术展。我高兴地在会上认识吴先生，为他的“写意”人物雕塑作品所感动、振奋。41岁的年轻艺术家已从艺20余年，作品可人，实属不易。我更佩服他坚韧不拔地选择了这样一条艰难的路途，这也是他成功的奥秘。

一个真正的艺术家首先要热爱哺育他成长的这片热土，激情于华夏文化艺术的丰采，吴先生的这个认识是鲜明的。他文学语言的功夫是他心智的宝贵财富，犹如一盏明灯，照亮他步入别人难以达到的境界。对作品分析的思维十分清晰，是他刻画人物入木三分的功力。灵感只能偶现，他善于捕捉瞬间即逝的亮点，这是天分所在。捏小泥人的功夫，造化了他“写意”的灵气，捏出了“大人物”的大气与心地。

在他辛勤劳作的背后，懂得营造创作必不可缺的大环境：淡泊名利、清静心智、合作共事、交流信息，这些都是现代艺术家创作常青的人格品质与魅力。

名山大川景观，大自然赋予了高尚、秀美的魂魄，所以让人崇敬仰止。人文风景只有铸就新的魅力，才成为人们想往的去处。吴先生中国画风的“写意”人物雕塑，犹如一尊尊名山屹立在你的面前，令你欣赏、令你欢畅、令你敬佩，故谓“为山铸魂”。虽然石雕与铜铸材料不同，但它们表现的艺理是一致的，语汇是相通的。人物是景观表现的根本主题，我相信石雕景观创作，会从吴先生的思想、理念、情谊、技法中汲取许多珍贵的素养。

4. 现代城市广场艺术石景

——陶冶情操，震撼心灵的石书

现代城市广场艺术石景，是与现代城市建筑同时兴起的一类建筑景观，同时是社会进步、物质文明在现实生活空间中一种新的理念表现。广场空间可用于集会、休闲、娱乐、疏散人流。石景适宜建筑在城市的中心部位，要求交通向外辐射条件好，视野广阔，地貌平坦，排水迅速，照明良好。

传统大型雕塑组群和现代主题造型，是广场艺术表现的主要形式。雕塑造型的形态、高度、体量、色彩，应当与广场及四周建筑空间的氛围相和谐、融入，才能达到广场景观的实效性。雕塑的主题大多与城市的历史事件有关，才具有纪念意义和文化底蕴。

广场的平面形态，以及所处环境，大体可分为城市中心广场、纪念性广场、博物馆广场、剧场广场、站前广场和商业广场等。我们列举的实例，大多属城市中心广场一类。城市中心广场，地理位置不一定在中心，但人群活动较多、反映城市特点的地方，也是重要条件之一。大多以城市标志性雕塑为主要表现形式，如北京天安门广场、大连星海广场、西安大雁塔文化广场等。

平面设计产生的空间范围，可分为圆形、椭圆形、长方形或方形，更多的可能是不规则形。圆形使轴线相交，产生较好的交叉视点。方形之类的广场四周，要有良好的交通疏导条件。前者的石景可放在圆心处；后者可放在广场正面两个侧端位置或广场下端中轴线上。

(1) 开天图画

——北京·天安门广场

地展雄藩，开天图画，天安门广场也！

天安门原名承天门，清顺治八年（1651年）改建后才称天安门。1949年10月1日新中国成立，正式将门前的空旷荒芜之地辟为集会场所，人们向往的中心之中心。

1、2.天安门雄伟、端庄（通高34.7米），五跨金水桥、一条护城河、一对华表、一对石狮、一座旗台、宫灯式华灯与它十分和谐

1958年东侧建筑起中国革命博物馆和历史博物馆（现改为国家博物馆）；正中建设“人民英雄纪念碑”（后又续建了毛主席纪念堂）；西侧建设了人民大会堂。天安门前金水桥、华表、石狮、升旗台、观礼台等建筑，随广场石砖铺地，以及绿化、灯光修饰，天安门广场面貌焕然一新，成为世界广场之最，凡到中国之行的人士，都愿走走看看这一胜景的风采。

作为景观设计者，无妨闲暇之时，慢步广场，亲自体验广场“景观空间”是一种什么感受？其实广场四围建筑物，及其附属设施，都应当算是空间构成的一部分，这才能品味出它的构筑美、色彩美。走近建筑部位，才能欣赏到这些石作精雕细琢图样的魅力。广场空间的设计，建筑物不能太多，高度限制大，要经得起时空岁月的检验，的确是比许多高楼大厦更难构筑的项目。你不信，回顾一下许多主题广场，一二十年后不是就“旧貌换新颜”了吗！不再是原来设计的广场了吗！所以天安门广场是值得我们骄傲和好好珍惜的景观之一。

广场主体建筑物体量（高度、宽度、建筑风格等）、布局、构成，以及附属建筑小品的格调、品位、艺术思想、色彩，需要与主体建筑的视觉，处于和谐、稳定、匀称、整洁的氛围中。应该说，天安门广场的建设是做得比较完美的。

3～5. 毛主席纪念堂整个建筑气势雄伟，庄严肃穆。堂名为汉白玉金字匾，44根枣红色廊柱，厅内3米多高的汉白玉毛主席坐像，南大厅墙上镌刻的毛主席词《满江红·和郭沫若同志》，以及纪念堂南北，各有两组栩栩如生的大型群雕，都十分壮观地表现了一代伟人崇高思想魅力与人格品质

6～8. 在天安门中轴线上的人民英雄纪念碑（通高37.94米）、毛主席纪念堂与前后左右的建筑高度、色彩、间隔都很协调。纪念碑双层式须弥座、两层汉白玉方台和护栏（底层东西宽50.44米、南北长61.5米）。碑首、碑身、碑座、台座的高宽比例也都十分匀称、挺拔、雄伟、端庄。碑座束腰部位四面镶嵌着8幅汉白玉浮雕（高2米、总长 40 .68米，上面有170个人物像）。主题内容概括而生动地表现出我国近百年人民革命的伟大史实

3

4

5

8

7

随景评说：大国风范，世界之最。
布局开天，石饰功劳。

（2）百年新语

星海广场《百年城雕》——辽宁·大连·

大连百年纪念城雕，建成于1999年9月19日，为纪念大连开埠建市100周年而兴建（1899—1999年）。在海滨岸边造型似一本翻开的大书，如腾飞的翅膀，人们在上面观海赏景，犹如在一个大型舞台上轻歌漫步，吟诗颂歌，怡然自乐。铜铸脚印浮雕长80米，有老人、初生婴儿、老战士、老干部，各行各业代表人物1000双脚印，象征着百年来大连人不屈不挠，奋斗向前的历史步伐。浮雕尽头一对活泼可爱的孩子，憧憬大连走向新世纪的美好未来——造型艺术是文明社会重要的新语汇。

大广场中央圆形绿化带松柏之间，用金属网丝仿石雕质感，塑造了数十组体育造型，几乎涉及体育运动各个项目，形象逼真，动作矫健，气势壮观，生动地体现了百年老城大连，改革开放之后焕发出无穷活力，正以年轻人充满向上的精神，奔向新世纪。

2

1

1.喷泉景观一定很浪漫，遗憾没拍到喷水景象

2.游人正在“石书”上欣赏大连海滨水景与广场的人文景观

3.广场一侧山麓的高楼建筑，气势磅礴，格调新颖，遥望广场，必定是一番醉意。反之，对广场也起到很好的衬托作用

4.1000双大连人代表的脚印，让游人注目欣赏

3

4

5

8

5～10.运动员雕塑造型，一向都是活力、健康、向上的解读语汇。丝网仿石雕造型，既体现了白色石雕的质感、厚重与亲和力，同时又突破了石材雕塑对动感、空透形态的局限。从图片中可以看到，这种新材料对运动员肢体体态、力量、速度的表现力超过了其他材料，值得探讨和发展

9

6

10

7

随景评说：广场文化创新意，
百年造型永年轻。

(3) 丝路流影

——西安·《丝绸之路》

古代横贯欧亚大陆的交通道路，我国内地起点为西安，西行经新疆的数条通道到达东亚、中亚、地中海沿岸国家，还能转达罗马各地。公元前2世纪以后千余年，大量中国丝和丝织品皆经此西运，故称丝绸之路。因此还促进了与欧、亚、非等地区的文化交流。为纪念这一历史盛事，西安人民在城市西关外交通要道上，建筑这样一组石雕——《丝绸之路》，让路人不忘昔日的辉煌之旅。

1

1.阙是汉唐时代，建于宫门前面两边的楼形建筑（也用在墓道外），这里转意为“丝绸之路”的起点。西安这座《丝绸之路》雕塑，就建在阙门之外，这是对雕塑很好的衬托

2、3.图片里领头的老者，似西域地区的向导，他与骆驼、猎犬构成第一组造型。整个群雕长50米、宽3.0米，高4米，由人物、马匹、骆驼、猎犬等三组形象构成。共用黄棕色花岗石600余块

4、5.这是第二组雕塑的造型，人物似商贾身份，神情愉悦

6～8.第三组雕塑的人物似使者，他们的乐观形象，说明对茫茫征程充满着信心（拍照当时细雨蒙蒙，真有战士远征的气氛）

随景评说：

主题概括凝练，选址妥当。石色和史迹和谐，人物刻画栩栩如生。

2

3

(4) 梦回大唐

——西安·大雁塔南北广场

1

2

1～3.大唐宝典书卷（铜雕）。广场北部入口两侧的阙、纪念柱、牌坊建筑，上面都雕刻有唐代社会风貌，立刻使广场融入大唐社会的情景之中

4.广场的正面有一座长形石浮雕（图片为局部），将大唐盛世的重大事件都一一表现在上面，增加了广场的书卷蕴力

5.广场地面用花岗岩铺砌外，还以花草、书法等内容石刻拼镶成大型图案，布局在广场方阵之中，增添了广场的文化气息

6～11.用花岗岩雕塑大唐诗圣杜甫、诗仙李白、诗佛王维、大书法家怀素、药王孙思邈、茶圣陆羽等人的形象，诉说了一代伟人的丰功伟绩。这是广场雕塑的中心主题，文化氛围如此恢弘，在全国也属少见

4

随景评说：

充分利用历史文化资源，造型设计“多杂统一”，石作匠意精工细琢，可揽古今华夏文化殊荣。

6

7

8

3

5

西安大雁塔南北广场，也称文化广场，位于西安东南。该广场依据我国当年大唐盛世的繁荣景象建设，也配合现代照明、交通、水景等新设施，展现当时社会文化气势的恢弘、雄浑和博大。广场以大雁塔为中心纵轴线向东西两侧展开，长方形规划布局。广场上的造型主要有门阙、纪念立柱、牌坊、铜雕宝典、唐代文化科技名人石雕、大唐盛世壁雕、社会风情铜雕、玄奘和尚铜像等。大量采用雕塑造型来表现主题内涵，充分利用了石材富于表现力、坚固耐久、抗腐蚀性好的特性，成为广场建筑的一大特色。

9

10

11

1～3.圆球式的明珠宝鼎，自然地耸立在小山上，往下台阶、水景、民族图腾石柱等景观，构思新颖简略，几大笔把画面铺叙得利落大方，与蓝天融合得天衣无缝

4.《风花雪月》第一组石雕："下关风"为主题，讲述南昭公主与苍山猎人相爱，南昭王大怒，命罗荼法师施法，将猎人打入洱海。公主反抗，借来大瓶神风，想吹干海水救情人。不幸风瓶跌碎，未能实现夙愿，留下无限遗恨和经年不息的下关风

5.第二组石雕："上关花"为主题，上关樵郎得到一颗明珠，救活了难产的妻子。宝珠落地，开出了美丽

4

5

(5) 风花雪月

——云南·大理明珠广场

随景评说：
题材古老，表达现代。
白蓝红绿，渲染适宜。

大理明珠广场坐落在城南，火车站附近云岭大道顶端。大理是历史悠久、文化发达的历史文化名城之一。大理之意为大治大理之邦。具有高原湖泊盆地和横断山脉纵谷两大地貌，气候温和，春光明媚，山川秀美，长久蕴育了许多动人的传说故事。"风花雪月"就是这里白族为主的人民，写下的诗情画意。艺术家根据这些优美的民间故事，塑造了四组以"风、花、雪、月"为主题的汉白玉石雕，一字形排列在广场入口的大道上。与大家熟知的"五朵金花"群雕相互辉映。表现手法现代，语汇会意丰富，是当前同行中的优秀之作。

2

6

7

的朝珠花，一月开一朵，越开越多，永不凋谢。上关成了花树村，给乡民带来欢乐，但恶官想占为己有，百姓因此受难，只得忍痛砍掉花树

6.第三组石雕："苍山雪"为主题，远古的大理，来了一批瘟神，到处散布疫病，人们苦不堪言。苍山脚下两兄妹，决心为民除害，哥哥带着狂风，妹妹带着大雪，把瘟神埋入深雪冻死，永不为患。哥哥因此化为风神，妹妹化为雪神，共同为民造福

7.第四组石雕："洱海月"为主题，海东渔郎以他的勤劳和纯真感动了月亮女神，下凡与他成亲。谁知闯来一条公猪龙，在洱海里兴风作浪，遭害百姓。女神仗义打败恶龙，反被恶龙告她私奔下凡，天神召回月亮神，拆散了恩爱夫妻。诀别时，女神将一只金盘放入洱海，变成了一轮金月亮，永照人间

3

明珠广场另一组广场雕塑用赭红石料浮雕风格制作，表现大理悠久历史文化、人民勤劳朴实风貌的大型画卷。值得指出的是，明珠广场对艺术空间的安排与利用，设计时考虑比较周全，既可做会场，又可做露天剧场。主题广场与周围环境关系的处理比较协调，融生活、休闲、娱乐于一体，突现了现代建筑、人与自然的合一氛围。色彩以大理蔚蓝的天空为大背景，大胆使用红色作点缀，以灰白作平抑冷暖色调的过度，使人处于一种爽朗、平静、宜居的心境之中。

8

11

9

8～10.另外一座群雕为“五朵金花”会聚蝴蝶泉，载歌载舞，欢庆丰收时节的到来。这是人们已经熟悉的动人故事。雕塑情深意切地刻画了大理姑娘的形象，所以受到过往人群的赞誉。现在国家进入和谐、创新社会的建设，人们需要这些源于生活，又高于现实的艺术形象感悟人们，崇善敬美，为建设新生活而努力劳作

11～15.在明珠广场一侧，有另外一座弧形广场，由赭红石料雕刻的浮雕，主题《火的赞歌——团结颂》（作者闫如刚），火是热血、是激情、是光明、进步的象征。火把节之际，在十三个民族聚居的大理白族自治州，人民用歌舞、琴声共同赞美火热的新生活，用勤劳和智慧缔造繁荣幸福的大家庭。火将永照我们开怀奋进

10

12

13

14

15

16、17.在广场的边缘是新建的民居和休闲草地，红、白、蓝的色彩把大环境打扮得十分明朗，鲜艳夺目

16

17

(6)壮锦如歌

——广西·桂林·七星岩《华夏之光》

《华夏之光》以艺术和科学的广度、观照中华民族七千年文明之精华，释古励今，结构长卷施以天然色彩花岗岩浮雕，拼镶长度106米、高6米。壁画遵照总体环境艺术的思考，力图以自然景观与人文画意互为融合。作者能将华夏浩瀚文化、科学技术之精粹融入百米长卷，有感卷短情长之憾，但精湛的构思与简练的表现形式，浓郁的壮乡特色，终于完美地表达了艺术家激奋的爱国、爱民之情和意。桂林山水如梦，壮锦情意如歌。作者：袁运甫、袁佐、袁加。

随景评说：
壁雕语汇如壮乡织锦朴实、鲜艳、感人。

1.弧形浮雕壮观、秀美，炽烈的情感让观众认同

2～4.浮雕三段局部画面，也能大致感触到壮乡文化、科技、社会生活的片断。中间的铜鼓声似乎回荡着历史的流淌

石头在呼唤
——景观调研后的思考

1．现代新材料对传统造型形成的冲击：从北京奥运场馆雕塑竞赛作品展示了解到，新材料的工艺特性及价格优势充分体现出来，无疑对传统石作景观带来巨大冲击，以发展艺术多样化说来，这并没有什么坏处。作为城市广场、园林、建筑石饰的石作造型，仍需要保持自己独特的优势。

2．石作景观的开发在于主题的创新：近二三十年石作造型继往开来、推陈出新，一改往日小家门风，可贺可喜。但是引人注目与共鸣的作品的确不多。由于石景赋予作品的历史责任过于重大，需要多方人士集思广益打造主题，创新造型，高手引导才行，而非个人行为与能力所及。

3．提高对石作艺术综合价值与功能的认知：国际上石景艺术对国家历史文化的积淀、城市形象的改善、人民素质教育的影响十分深刻，正面社会效果显著。国内许多石景也是如此。我希望各级地方领导，别急功近利忘了这件造福人民的大事。

4．石建企业经营管理水平急待提高：目前一些企业产品单一，观念陈旧，存货难销，而新产品因技术力量所限，步子跟不上发展。石场资源浪费大，出品率较低；加工工艺滞后，大材小用，优材劣用，劣材充好，正品率不稳定；交货工期有时不按合同办理，信用度下降。这些现象影响了市场运行机制的建立。

5．石景设计施工与景区维修急需规范化：石景设计及施工人员紧缺，致使景观建设质量存在较多缺陷，甚至出现安全事故。人为的造假现象时有出现，如用劣质合成材料仿造摩崖石刻，建成不久表皮就劣迹斑斑。用玻璃钢薄壳仿造石狮。用室内装修胶材粘结露天石缝。灰砂材料的使用问题就更多。希望引起有关人士警觉与改进。

5．主题石景新园
——石体造型争奇斗妍的大观园

以自然山石、天然大型观赏石、碑刻和摩崖刻石，以及艺术雕塑为造型主题的露天石景公园，近十年来在我国各地以一种新款构景方式，展现出千姿百态、百花齐放的山水景观盛世。为游人提供了一种新的艺术视觉，新的景观享受，新的山水画意。如北京国际雕塑园，于2002年夏开园，就展出了百余件中外雕塑家新作，观者如潮。北京八大处《中华精印谷》以中华文化瑰宝——金石雕刻的风格，把历代部分名家印章，放大镌刻在山谷石壁上，于当年九九重阳登高节开放，受到金石爱好者欢迎。1999年秋云南昆明世博园的名花艺石园大型观赏石置景，融入自然环境，如天工开物，大放异彩。观众如“米芾拜石”，真为石痴圆梦矣！……

这种自然景观与人文景观融合的创新思路，使我国现阶段人、环境、自然和谐发展的科学观得到国人共识，必定会在今后艺术发展道路上，绽放出百花争艳的奇光异彩。

主题石景公园建成后，维护、管理、运营与一般园林公园相比，有其自身的特殊性。在筹建时，应当作为规划方案的内容研究深透。例如，植物景观和建筑景观，应当成为雕塑艺术石景生存的依托。植物品种、树型、色彩随季节变化，对石景景观效果，影响十分明显。另外水景、休闲设施的配置也很必要。总之，园景的整体审美特性不容忽视，免得运营后出现预想不到的困难。

(1) 世纪初创

——北京国际雕塑园

2002年夏，北京城市雕塑办公室，组织北京国际雕塑大展，是近世纪我国规模最大的、别开生面的一次雕塑盛会。一批国内外的雕塑家在公园现场雕塑、布展，日以继夜赶制，犹如一场造型交响音乐会，响彻北京上空。许多记者、同行、老百姓目睹了这次盛会的实况。画面记录的就是刚开幕展出的作品。这在业内是一次友好的交流，对民众也是一次放眼世界艺术的良好机会。许多作品思路新颖，表现深刻生动，一致受到社会舆论好评。

1

3

随景评说：
新世纪的灵性创意，
传统园艺的冲击。
艺术多元的尝试，
和谐社会的气息。

2

4

1.通过水景、观赏线路、草地、林木的设置，将空间适当分隔，让雕塑作品有机地布局在其间，这是公园规划设计的重要内容

2.展会上的标志铜雕，运动员造型

3.藏族姑娘／程允贤

4.砌

5.妃子笑／唐大禧

6.力量／陈斌（澳门）

7.都市图腾／林杰维尔·阿斯托佳

8.晨／斯洛瓦·卡亘连科（俄罗斯）

9.无为自然（右）／空　充秋（日本）

太阳碑（左）／茅索（西班牙）

10.春天／安德烈·纳维科夫（俄罗斯）

11.鱼／沈允庆（中国四川）

12

15

13

12. 紧扣 / 黎日晃（中国香港）
13. 竖琴 / 陈斌（中国北京）
14. 烛光（拟名）
15. 石与梅（拟名）
16. 冰魂 / 严永明（中国四川）
17. 前滚后翻 / 谢远清（中国广东）

16

14

17

18

21

22

19

18.女娲
19.岁月痕迹／龙翔（中国浙江）
20.思想／王洪亮
21.沉思／王维力（美国）
22.激情／维·柯派克（白俄罗斯）
23.冰上漫游／弗郎斯·万·布鲁根（荷兰）

20

23

(2) 翠谷金石

——北京·八大处《中华精印谷》

1

2

3

4

精印谷位于北京八大处，三处至六处的一个峡长谷地里。《精印谷志》曰：“古人有云，方寸之间，万古风飕飕。这方寸指的就是中国的印章。中华精印谷正是以中国印章文化为主要内容，将千余枚历代名印放大后，雕刻于山谷的天然岩石之上，与自然山谷形成一个有浓郁中国文化色彩的石刻景区。”

精印谷中的印章，最早可追溯到中国考古学发现最早的殷商三印，而后按其年代，自下而上（由近及远）逐一展开，自先秦到清代，分为八大印区……亦有历史名人的私印名章，而更多的是汇聚了13余位历代著名书画家、篆刻家的金石作品，让来这里的每一位游客，于数百步之间，尽览中华历代篆刻中的精粹之作，感受博大精深的中国石文化。

印章艺术是许多书画家、篆刻家、美术家、收藏家的心爱之物，经历代大师的精心创制、陶冶、发展，形成了一个独立而又开放、流派纷呈的艺术领域，充实了石文化宝库的精美。现在以《精印谷》石印景观的风格表现出来，不失也是一种创意和尝试，有待景观设计人员去创新和提高。

5

6

7

1.人园正门以印章艺术《中华精印谷》为开篇
2~4.仿先秦时期作品
5~6.仿汉代作品
7~8.仿唐代作品
9.仿宋代作品

随景评说：
方寸变大印、创意奇巧、赏、游结合，赞中华金石文化之美。

8

9

10.每年九九重阳节，“中华精印谷”都举办登山游览活动
11～12.仿宋代作品
13～15.仿元代作品
16～21.仿明代作品
22.近代印刷使用的宋体字
23.用绿石雕刻的巨型印钮

18

19

17

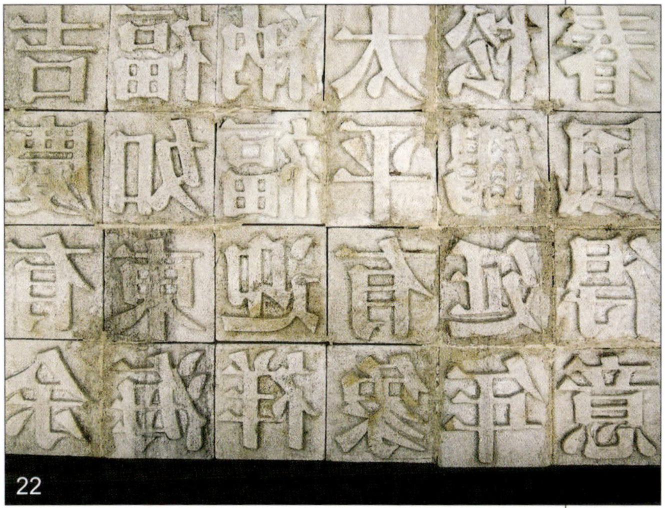
22

20

21

23

(3) 石神艺苑

——中华石雕艺术园 北京·房山·

北京房山石窝是盛产优质汉白玉的著名产地，有着悠久的开采历史。北京历代皇宫、苑囿建筑所需汉白玉，大多取自这里开采加工。石工匠师辈出，精美的石雕作品名扬海内外，成为中国石雕之乡。如故宫太和殿前的丹陛石，龙飞凤舞，行云流水，气势磅礴，永垂千古，表现了中国人民勤劳、智慧、勇敢的民族精神。后来，北京的十大建筑石构件、纪念雕塑作品，大多出自石窝匠师之手。

改革开放以后，在当地政府支持下，他们办学校，培养新一代石工人才；可喜的是，创建了自己的“中华石雕艺术园”，为广大游客和业内人士，提供一个观赏精美作品的殿堂。让更多的客户了解自己，把更多、更精美的产品推向市场。这种将教学、研究、设计、生产、商务、展览融为一体的艺术园在全国也还不多见。祝愿北京石雕之乡，为建设新北京、美化新北京作出更大的贡献。

2

1

1.中华石雕艺术园园门，雕琢精美，传统技艺得到推陈出新，它已经成为北京旅游的一大新景观。园门背面三座石雕高大精美，正欢迎爱石者到此一饱眼福

2.《石神》是园区标志性石雕，显示了男性石师强悍、健美的形象

3.“天女散花”传统题材的神韵，在这里表现得淋漓尽致

4.这件作品能否取名：“钟鸣石韵”

5.表现农家女喜获丰收的情景

随景评说：
石神显灵气，石师创意新。
盛世多题材，不怕石坚韧。

5

3

4

6.石壁浮雕群似壁画风格，把我国古代雕塑、雕刻宝库中的精美名作精选复刻，展示我国石文化的光辉灿烂史迹，把“藏着的国宝”，融人大众文化的大海中

7、8.进园之后的石柱造型，用金属圆弧线画定空间，完善了作品的整体性与连贯性，手法简练

9.这是一座净高4.74米、直径3.41米、净重50吨重的青白石鼎，号称“中华第一鼎”，雕琢精美、庄重、遒劲

10.传统的黄瓦红柱亭子，在雪白的雕塑群中成一亮点，更显石鼎、石柱、石桥、灯花的华丽而洁净

11.园区面积广阔，作品精美、品位高雅、题意繁多，为未来的新作留下了位置

(4) 岭南石风

——广州雕塑公园

广州是一座历史文化名城，迄今已有两千年建城记录。为适应国际大都市文化、旅游、园林事业的发展，提高公民社会文明素质，保护自然资源，美化城市环境，造福子孙后代，起动文化艺术工程建设。广州雕塑公园是这项工程的组成部分。公园按雕塑与园林、观赏与教育、艺术与历史相结合的原则，规划建设，占地面积46万平方米。首期羊城雕塑区，已于1996年12月竣工启用，后续工程还将陆续进行。

现有园区景观有：“园门华夏柱、雕塑广场、古代辉煌、南州风采、雕塑馆、踏芳亭”等。主要反映华夏五千年和古城广州两千年的历史风貌。雕塑作品创作思想活跃，主题表达明确，内容丰富，工艺精湛。如表现岭南女性风彩的几座雕塑，给人留下十分深刻的印象；广州风情组雕，个个人物栩栩如生，内心世界显现于表——真诚、朴实、自信。

雕塑作品与环境融入的问题，做比说起来难得多，似乎只能会意而难以言表。广州雕塑公园十分关注雕塑景观与环境景观在美

1

2

3

4

5

学特征与表现形式方面的关系。环境景观是舞台及其表达的意境，处理好这个大前提，雕塑人物及其作品的主题，就找到了归宿与貌合的缘分。给我们的印象是他们的规划、设计、实施做得认真，有特色、有个性、有章法，值得景观设计者实地参观考察（匆匆的采访未能获得准确的作品名称与作者信息，特致歉意，待日补正）。

1. 雕塑园门华厦柱壮观、敦实，结构稳重，文化内涵丰富。与广场水景、四周的绿林景色相呼应

2. 丰收后的小憩

3. 青春·活力

4、5. 雕塑园以水景、绿植、小品建筑的大背景，为作品“安家”创造了和谐的气氛

6. 赛龙舟的激奋、喜悦之情，造型表达生动，形体空间安置也有创意

7. 呼吸与生命

8. 我们的童年

9. 呼唤

10

11

12

13

14

15

16

19

17

10.自我改进

11.羞怯的种蕉女

12.园内广场水景与雕塑的布局十分融合，后面的树林屏蔽了城市建筑的繁华，给园区带来安祥与宁静

13.烛光下的我

14、19、20.这三件金属作品，生动地反映人与生物、人与发展、人与社会的三个不同侧面。同时从色彩、质感与石雕作品形成强烈的对比，给人不同的艺术感受

15.和谐之美

16～18.南州风采（石雕壁画），赭红石材很有感染力地展示了广州人民千百年来艰苦卓越的发展历程

随景评说：
创雕塑殿堂，展世纪新风。
集精品荟萃，观者也陶然。

20

18

(5) 粤州墨韵

——广州碑林

广州风景名胜白云山深处，飘浮着一片白云，这就是岭南书画特色浓郁的广州碑林。此地居高临下，伫立遥望，广州市政景观尽收眼底，为难得的观景之地。黑色碑体，白色书字，秀丽的碑座，流淌着一派中国石文化、书画文化风韵。这座文化石园林，不仅注重书法艺术的表现，还留意碑林文化氛围的营造，如碑林石坊前，一双龙柱精美绝伦，九龙泉流水潺潺，碧瓦绿荫之下，烘托出书法艺术蕴藏着的风雅品格，含蓄、委婉中流露出华夏文明的精神气质。这种温馨的氛围，四溢在蓝天之下，白云之间，游客怡悦的神采之中。

1、2. 未入碑林，一股中国传统文化的气息迎面扑来，让人赞叹

3. 书法开篇之作——文风流畅，文词尔雅，文意激扬的“白云山赋”，细细拜读就领略到广州文化的优美

4. “山中何所有，岭上多白云”，情深意切入画境

随景评说：
翰墨展新意，
装点白云岭。
书艺精工作，
不枉祖先情。

6～9. 碑文书法的风韵，正如“霜华流素琴”。碑林文意丰富，书体多彩，真、草、隶、篆各种风格应有尽有

5、10. 除碑刻之外，还在后山堆筑了一些石壁（人工塑造），然后在上面刻字，营造了摩崖石刻的壮美雄健之势，与碑刻书法的秀美，形成合二为一的和谐书艺

(6) 古迹今阅

——广东·珠海石博园

常说千年遗画，千年遗梦，指的是很古远以前的故事。广东珠海石博园展出的石景名石，说是千年就太短，说是亿年前的古石一点也不为过。只有这些亿年前形成的“石画”才能扮演这个角色。这些湖石、灵璧纹石、钟乳石都是从外地运来构置的观赏巨石。

石博园分四部分景观：一是以奇特形态为主的灵璧纹石；二是以绚丽华贵的钟乳石为主的景致；三是以一般自然石为主的风景区；四是以湖石叠山为形态的峻峰景区。这些珍贵名石如天女散花为珠海大地开出的奇葩，增添许多自然情趣，游人涌动。

1～8.这些奇石，如躯体庞大的恐龙、犀牛、猛虎、奔马、大象、海豚，它们有点像，其实又不像，像什么都有点道理，这就是艺术的魅力

5

6

7

8

9.太湖石叠山，气势宏大；工程浩大，实属不易。这样规模的叠山，可能是全国第一大景观

9

10

11

12

10～19.这一群由巨型天然钟乳石构成的石景，壮丽、多姿、多彩，地平线下的地理奇观，变为蓝天白云下奇峰石宝，实属少见。但笔者认为，以改变钟乳石的自然景观为代价，移地“造山”，不一定提倡

15

16

13

14

随景评说：
岁越数亿年，
千奇在人间。
人工叠石美，
后人当珍惜。

17

18

19

(7) 园名因石

——杭州·西湖·江南名石园

江南名石园紧邻西湖曲院风荷，设于花圃掇景园内。主要名石要数与苏州的瑞云峰、上海的玉玲珑同名“江南园林四大名石”的绉云峰，该石高2.6米，狭腰处仅0.4米，石的全身曲折、蜿蜒，在名石中算是最苗条的了。但不是湖石，也不是灵璧石，而是英石。像这样高大、纤细的英石是很少见的。诗人情感丰富，曰：“形同立云，纹比波摇”。石的右侧有“绉云”两篆字，左下方有名书法家张宗祥手笔：绉云峰。石的背面有：“具云龙势，夺造化工；来自海外，永镇天中”字样。另外一双名为“神云峰”的巨石，与绉石峰相望，大显剽悍身影，移步换形，影幻无穷。这是造园家的成功手笔，难得有此巧合的因缘。

作为名石园，一是决定名石的形态特征和观赏价值；二是名石所处周围的环境要与名石般配，这两项都不可缺少。这一点江南名石园是够得上名副其实的；三是适当题额、书刻名家楹联、布局传统文房摆件也都是必要的构想。

目前名石园的构建有一些创意，传统的家藏小型奇石也进入博物馆、奇石馆，公开与游客见面或进入工艺品市场交易。精美、价高的大型石体工艺美术品，进入家庭装饰和公共文化场所装点艺术殿堂，营造高一级艺术石景景观目前尚少，但一定指日可待。如北京保利剧场、某些宾馆已经实现这样的构想。

1

2

3

1、2.进入名石园之后，“花事草堂”如迎客厅，供木化石，摆设许多各地名石。悬挂楹联：“园无石不秀，斋无石不雅”，气氛温文尔雅

3.丛林起到分隔景观的作用，从远处看绉云峰与神云峰，隐谧在绿荫密蔽之中，给人一种深远、神秘的感觉

4、5.绉云峰为江南四大名石之一，身形以高大、纤细、婀娜多姿驰名全国（石质为英石）

4

随景评说：

山因寺传名，园因石扬名。实质在于对自身整体景观的精工打造和精心呵护。该园名副其实。

5

6

6、7.为神云峰正面，逆时针移步右侧面，你看到的却是另一种神奇姿态，好不令人神往。形体合适的峰体，应创造多角度观景的地理条件

8、9.这两座湖石景，形态也是很别致有趣。其中图8用绿植遮挡石体下部的笨拙；用白墙衬托石体的奇妙，远观似一幅现代抽象造型作品；图9仙人拳头上举，显示其力量，加上筑垒抬高石体，还用花窗屋墙与之对比，如小女变大美人了

9

8

7

(8) 中岩玉笏

——福建·厦门·万石植物园

1．厦门是我国有名的海滨城市，万石山为它增添了无比优美的景色

2、4．园门前构景利用自然地貌，山石、水池、三角梅、蓝瓦园厅“随意”组合，属非对称构图的形式，有未入园似已在园中之感，难得如此含蓄

3．邓小平同志亲植的大叶樟树

5．“万石涵翠”，加上亭、桥点缀，大大增加游客的审美空间

厦门万石植物园是一座以自然山石为基本地貌，经过人工水景、林木花卉培植营造的城郊园林。从山体石痕观察，古代在此采石伐荒，对石景的形成也起重要作用。大自然只要人们合理利用，它们付出的代价对社会总是利大弊小。现在有些石料场，乱采乱伐，留下一片荒山乱石，实质上是自然对人类的惩罚。观万石山，留下的是人们对大自然的敬仰。

万石植物园景区内，还保存了厦门原“二十四景”中的“天界晓钟”、“万笏朝天”、“中岩玉笏”、“太平广笑”、“紫云得路”、“高读琴洞”等。文中重点介绍园内山石水景特色和摩崖刻石（新石林）两部分。

随景评说：

万石山自然山石形态优美、人文景观营造也很有特色；各景点主题突出，线路设计合理；游、赏、玩各得其所。

6."天趣"入我心

7.在山峦巨石中，薄壳式设计的露天舞台，对来自天籁之音会有什么反响呢

8.穿过水池的曲曲小路，对绿荫碧水的分隔很美、很自然

9.百花厅天井建筑清秀，笔墨不多，山水点缀刚到好处

10."花儿"舞姿翩翩，行云流水，与睡莲配景，典雅大方。对岸的白色护栏，也起到良好的衬映作用

11～22. 万石山新碑林刻石有以下特色：一是利用自然山体石壁刻石，适当进行勘察、规划设计，遵循“宁可少而精，不可多而乱”的原则；二是选址适合观赏和运作，疏密、高低布局得当；三是内容广泛，雅而不俗；四是字体、大小、视角恰当，方便游人观赏

17

20

18

21

19

22

西安伴随大型诗乐舞剧《梦回大唐》帷幕的升起，也迎来了海内外一批游客的到来，我们伴着唐音乐府，游览了极富诗情画意的御苑门、紫云楼、杏园，最后到刚建好的《诗魂》石景苑。大唐盛世是我国古代诗的巅峰，诗人辈出，为诗作宏篇无数的世纪，石作景观最丰盛的年代。如今借唐诗歌韵的魂魄，以人物雕塑所表现的魅力，去谱写当年诗人的激奋情怀，这是中华复兴之时当抒的一曲颂歌，壮哉！

(9) 诗魂永驻

——西安·大唐芙蓉园《诗魂》

随景评说：

以峡谷环境营造主题，视觉空间强烈。人物、诗文刻画生动，是新人文景观的力作之一。

1. 大唐芙蓉园胜景及《诗魂》峡谷景观

2. 大唐芙蓉园入口标志雕刻，很有创意

3～5.《诗魂》石雕群，以唐代著名诗人造型雕塑及相应的诗词石刻为内容，布局在一道山谷的两侧，气势恢弘，匠意遒劲。入苑之前远远就能看到一座高耸的李白雕像，举目望青天，神采奕奕

6. 石壁上毛泽东书李白《庐山谣》句：“登高壮观天地间，大江茫茫去不还。”

7. 杜甫，诗圣风范，选刻《佳人》：“绝代有佳人，幽居在空谷……。”虽写战乱中的弃妇遭遇，同时也有杜甫弃官后自我写照的意味

8. 王昌龄，战将威武，选刻《从军行七首》之四：“……黄沙百战穿金甲，不破楼兰终不还。”

9. 近代书法家于佑任先生书题草书：“诗峡”

10. 壁面构思于深宫女子，“聊题一片叶，寄与有情人”主题，诗情画意表白得透彻完美。是今人游娱的地方，也是解读历史的绝好课堂

(10) 石痴圆梦

——昆明世博园·名花艺石园

1999年昆明国际园艺博览会上，专门在园址北坡开辟“名花艺石园”，荟萃全国各地奇花名石，石件之多，品种之全，景园之大，在同类园中可能名列前茅，令爱石人士叹为观止，也是石痴圆梦之地！

园区布局利用山地起伏之势，蜿蜒筑路，分割成台地，在台地上置石布景，最终以壮观的人工摩崖刻石压轴，结束游览。

目前，全国已出现类似以各类石种，不同形态、大小、色彩和花纹的天然观赏石设园，构成嶙峋、壮观的人文山石景观。笔者认为这种构景方式有创意，但应考虑以下因素：一是以不损坏自然山石环境为前提；二是与其他旅游资源相配合，能形成运营机制；三是置石具备一定艺术观赏价值；四是要有充足的经济实力，形成一定的石景规模。

1、2.序曲：“世博石”颂歌
3.太阳石，中华复兴的象征
4.石林春晓（石林石）
5.开天辟地（黄蜡石）

6、7.宝莲佛光（一）、（二）
8.百花女神（沂蒙石）
9.彩凤飞翼（大理石）
10.古鳄戏蟾（墨石）
11.庄周梦蝶（沂蒙石）

随景评说：
集中大量优质大型自然石为载体，营造主题景园难度极大，该园在石形石种选择、置石环境设计、单景与组合景的处理都艺高一筹。

12.火山神仙（火山石）
13、15.摩崖石刻群
14.惊蛰侏罗纪（墨石）
16、17.人与自然（高台人工瀑布）

（11）南海佛地

——浙江·舟山·普陀山·南海观音群像

南海佛地位于普陀山东南海边，又位于不肯去观音院附近，立有观音铜像一座，为全国高立佛像之一。整个景观建筑在汉白玉高台上，面朝东方，包括其他石雕造像、各路神仙像、石坊、龙柱、石狮，以及后廊的大士海会等青石壁雕。雕塑群像为全国规模之首，技艺娴熟、形象生动，深得海内外人士关注。终年游客云集，香火不断。主像铜雕与其他汉白玉石雕，在布局、色彩、比例设计方面，卓有独意。衬托在海面波光鳞影，蓝天白云之下，蔚为壮观。

2006年4月召开首界佛教论坛大会，为2000年来第一次佛界盛事，海内外同仁云集，盛况空前，提出新“六和敬”，对世界社会和谐发展，作出有益贡献

1.福地景观全景

2、3.南海观音铜像与石景对应十分协调

4、5.各路神仙石雕像，比一般庙宇中的泥塑像工艺难度大，神态也有新意

随景评说：全景设计层次分明，错落有致，布局紧凑，雕工精细、几乎所有传统石饰的形式与技法都得到充分展示。

（12）新又一村

——江苏名园中的山石盆景

在园林造景中，盆景可在家庭配景观赏，或集景建园，成为园林中独树一帜的构景模式。按配置形式，一般分为树桩盆景、山水盆景、旱盆景、树石盆景等。盆景在我国传统园艺中，已经形成独立的技艺门类和商品项目。在一些大公园中，也另辟景区让游人观赏。如参观完苏州留园，拟从后园出门时，眼前映出“又一村”的园门。出于好奇，走进去看看，果然是另外一番天地。数百盆盆景，争奇斗“美”，让人见世面。本文集中苏州拙政园、留园又一村、虎丘、扬州何园、杭州湖山春社等名园中与石有关的盆景加以说明。

3、4.常绿树或青竹配石，象征春天永驻，让时光倒流

5～9.奇石配松柏是传统的构景形式，不同石形，不同树形，配植之后，各显千姿百态，盆景格调也就因景而异

10.飘逸的垂柳为大背景，显现石景十分雅致

1.苏州留园后院突现“又一村”，令人新奇，步入观之，才知是一盆景园，构置十分巧妙

2.盆景是中国山水画意移模的一种艺术感悟与享受。大师不满足纸面上的山水，想象着将自然山水风景缩小，“搬”回家。盆景置入植物生态环境中，模拟出想象中“活”的山水画，岂不又是一种乐趣。当盆景背面的“一片枫叶红满天”之时，游人更是思绪翩翩……

5

6

随景评说：
山石盆景为石景中之奇葩，有点景之妙用，但要精心施艺，方可成功。图中的作品甚为精湛。

7

8

9

10

6. 地域性标志石景

——时尚地理文化的百家姓

因传统石文化连绵千百年的熏陶，又缘于当今经济日昌，景观文化艺术品位相应提高，地域标志的“包装”，其实是文明社会的自然表征。简陋、粗俗，没有文化内涵的“招牌”，逐渐退出社会。优秀的形体标志艺术石景，受到国人的关爱与赞赏。陆续会有更多创新性，品位更好的作品装点城市、地区、园林和市政单位。

目前，这类标志造型可分为：一是利用自然石体的特殊形态，作为标志景观；二是用自然石刻上名人书题；三是利用主题雕塑，展示地区文化特色或民间故事作造型；四是用建筑物的各种形式，表现文化内涵和使用功能。

地域（地理）标志的功能：一、显示和提高城乡的知名度；二、增加当地历史、文化的内涵，表现环境特色；三、有利于对陌生环境的识别与记忆；四、好的石景往往成为旅游人士留影的热选之地。

这些传统标志有以下艺术特点：石体形态奇特感人，石种名贵；艺术雕塑有传奇色彩和文化底蕴；体形大小适当，位置注目，与附近环境景观和谐。不追求、不提倡到处都搞这类“形象”工程，而是实事求是，顺其自然。

上图为浙江绍兴市城市标志柯岩“云骨峰”，详见本书“独峰奇秀”。

1.福建武夷山风景区，已建景区标志，但游人还是愿拜倒在“玉女峰”脚下。许多商家借此形象注册

2.“五岳独尊”，刻字之后，游人加深了印象，久而久之，成了泰山岱顶的域名

3.苏州留园“冠云峰”，江南四大名石之一，成了“园因石而出名”的代表

4.大连金石滩景区，金湾高尔夫俱乐部刻石标志于此

5.“磐陀石”——是舟山普陀山的名石之一，因高大奇怪，才有通灵之势，公认为普陀山南海的象征

6.广州称“羊城，穗”，都是因仙人送来口衔稻穗的羊群，广州人民才富裕起来，因故造型是为纪念

7.一般人不熟悉，这就是大上海浦东新东方广场的石柱装饰，挺拔华丽，表达了新浦东的意象，也从竖向平衡了广场的横向空间

8.去过扬州的人，常到繁华的街道——石塔路，当街有一座石塔，为原石塔寺遗址。因塔出名，附近的石塔宾馆、石塔酒家因而得名

9.泰山列为世界自然文化遗产，在人山广场建12根青石龙柱作纪念，成为泰山新景区的标志

10.大概中国人（不管游没游过北京），都知道它是北京北海公园的标志建筑

11.别看水中葫芦宝塔形体不大，明眼一看，自然知道是杭州西湖的“三潭映月”地域

12.许多公园为游客方便，用石材作路标，与景“土生土长”，十分自然，而且比用其他材料耐久

13.“鹿回头”是海南三亚风景区的标志，在此可俯瞰三亚鳞次栉比的楼宇，纵横曲折的港湾

1

2

3

4

5

6

7

8

9

10

12

11

13

赏石观景诗作选萃

万仞峰前一水傍，
晨光翠色助清凉。
谁知片石多情甚，
曾送渊明入醉乡。

宋·程师孟

画师争摹雪浪势，
天工不见雷斧痕……
此身自幻孰非梦，
故园山水聊心存。

宋·苏轼吟《雪浪石》

清溪电转失云峰，
梦里犹惊翠扫空。
五岭莫愁千嶂外，
九华今在一壶中。

宋·苏轼·《壶中九华》

遥望此石惊怪之，
插青挺秀最离奇。
不知何处曾相见，
涧壑群言似武夷。

清·蒲松龄

回头问双石，能伴老夫否?
石虽不能言，许我为三友。

唐·白居易·《涌云石》

吾生尤爱石，谓是取其坚。
掇拾满吾居，安然与石眠。

沈钧儒·《与石居》

傲骨如君世已奇，
嶙峋更见此支离。
醉余奋扫如椽笔，
写出胸中磈磊时!

清·敦敏·《题芹圃画石》

造物成型妙画工，
云雨纵横十二峰。
清坐使人无俗气，
闲来当暑生凉风。

宋·黄庭坚

天雨诸香下帝台，
大同天子讲经来。
尚留子石临江居，
恰似房花向日开。

明清·徐荣·《雨花石》

落日浴金意彷徨，
豆蔻二月坐思长。
拄杖闲时静卧处，
明月依然悬高堂。

佚名·赏天景石作《恋》

7. 文化名人墓园石景

——人生给石文化提出的新题材

墓园为缅怀逝者的圣地。随时代的变化与进步，移风易俗，面貌日新。有公墓园与园林相结合，两者的功能融合，受到社会的良好关注。

纵观世界文化名人墓园，有以下特色：造型艺术表现强调个性、人品与气质；造型、用材和规模力求节省、简朴；后人尊重逝者生前的心理人格。我们希望墓园文化建设者，“从心开始”，感悟人生的真谛，探求符合中国和谐社会发展需要的文化氛围，以及中国石文化的多样表现形式，知与行同“八荣八耻”的社会主流道德观形成共识。

中国文字源流讲到，碑印悲也！古今中外，文明社会的墓园文化，没有离经叛道离开这个主旨。过分奢侈豪华，脱离民风；假人情意，狂卷暴利是社会文明的倒退。

文中介绍的宋庆龄、李大钊、鲁迅、聂耳，谁不伟大；舒同、启功、李可染先生，谁不受人尊敬；石雕中华历史文化长卷的陈嘉庚先生墓园，表达了他“科学博物观”的理念，规模大，而无丝毫个人功名。他们大多以墓志铭表达个人和后人的心愿，造型质朴、省工、省钱，社会价值巨大而长远。搞成形体艺术陈列园，并不一定与景观环境相宜，换个地方安置不是让逝者更好地安心休息吗?

1

2

4

3

1～3.图1为北京八宝山人民公墓；图2、图3为位于北京西郊的万安公墓陵园，是京城近代修建较早的民众公墓，许多著名人士安息于此。墓园规划和管理规范，景观朴实，按金木水火土五行分区。中国人民革命的先行者李大钊(1889–1927年)陵园就在园内。该陵园朴实、大方，立有李大钊雕像，以及李大钊及夫人墓、纪念馆等

4～6.宋庆龄（1893—1981年）家族墓陵园，位于上海长宁区陵园路。墓园有邓小平题词及生平纪实，汉白玉雕像，家庭墓冢，宋庆龄生平事迹陈列馆。墓园庄严、肃穆

7.鲁迅（1881—1936年）墓，位于上海虹口区鲁迅公园内。墓台上有毛泽东题词：鲁迅先生之墓。墓前有鲁迅先生铜像，另设有纪念馆。墓园简朴、肃穆，表现了先生一生的生活、奋斗气质

5

6

7

8～10. 聂耳（1912—1935年）墓，位于昆明西山森林公园内。由郭沫若手书：“人民音乐家聂耳之墓”。墓前有聂耳雕像，表现他沉浸于创作的思绪与气质；墓后刻有国歌、万里长城、唤起民众为内容的浮雕墙，设计充分体现了音乐艺术氛围的营造

11. 马海德（1910—1988年）墓位于北京八宝山革命公墓陵园。碑背记述了这位远道美国而来的、中国人民的老朋友，毕生献身中国革命事业的不凡经历与贡献，令人敬仰

12、13. 陈嘉庚（1874—1961年）墓位于厦门鳌园，园内石壁上镶有大型青石浮雕——中国历史故事大系。规模宏大，内容丰富，形象生动，雕工精美，工程蔚为博物大观，历时十年完成，为全国传统文化气息最凝重的陵园之一。体现这位教育家的心胸与远谋，对参观学子而言，等于上了一堂生动的文化课

8

9

10

11

12

13

14

15

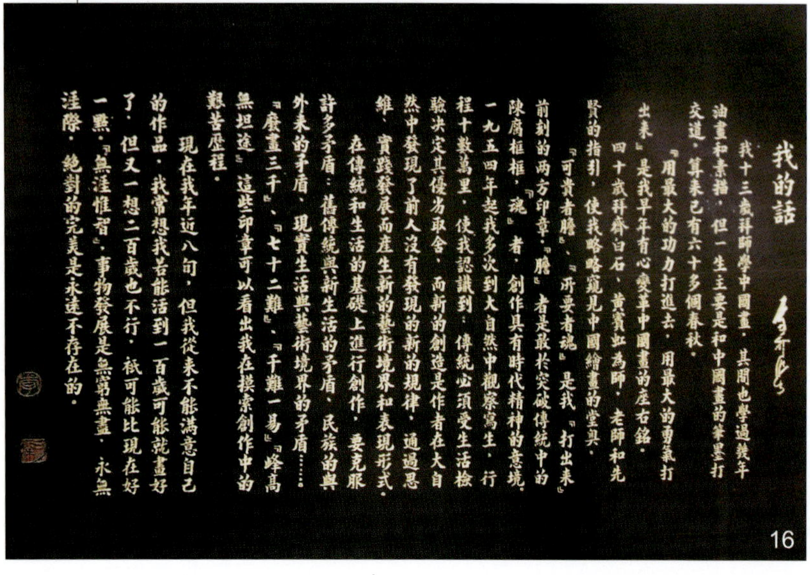

我的話

我十三歲拜師學中國畫，其間也學過幾年油畫和素描，但一生主要是和中國畫的筆墨打交道，算來已有六十多個春秋。

『用最大的功力打進去，用最大的勇氣打出來』是我早年有心變革中國畫的座右銘。四十歲拜齊白石、黃賓虹為師，老師和先賢的指引，使我略略窺見中國繪畫的堂奧。

『可貴者膽』、『所要者魂』是我『打出來』前刻的兩方印章。『膽』者是敢於突破傳統中的陳腐框框，『魂』者，創作具有時代精神的意境。一九五四年起我多次到大自然中觀察寫生，行程十數萬里，使我認識到：傳統必須受生活檢驗決定其優劣取舍，而新的創造是作者在大自然中發現了前人沒有發現的新的規律，通過思維、實踐發展而產生新的藝術境界和表現形式。

在傳統和生活的基礎上進行創作，要克服許多矛盾：舊傳統與新生活的矛盾、民族的與外來的矛盾、現實生活與藝術境界的矛盾……『廢畫三千』、『七十二難』、『千難一易』『峰高無坦途』這些印章可以看出我在摸索創作中的艱苦歷程。

現在我年近八旬，但我從來不能滿意自己的作品，我常想我若能活到一百歲可能就畫好了，但又一想二百歲也不行，祇可能比現在好一點，『無涯惟智』，事物發展是無窮無盡，永無涯際，絕對的完美是永遠不存在的。

16

14.萧三（1896—1983年）及夫人墓，位于北京八宝山革命公墓陵园。著名诗人与翻译家

15~16.李可染（1907—1989年）墓，位于北京八宝山革命公墓。墓碑为天然黑石，体现国画大师水墨画意的深邃内涵。碑背为“我的话”墓志铭，为大师毕生艺术生涯与高尚艺术境界的概述。读后深受教诲

17.舒同（1905—1988年）及夫人墓，位于北京八宝山革命公墓陵园。墓后立有大师墨宝石刻，体现了书法大家的书艺与豪迈气质

17

20

18

18～19. 启功（1912—2005年）及夫人墓，位于北京万安公墓陵园。墓碑形似一台竖立的墨砚，碑背有先生的一句格言，体现先生翰墨泰斗的精神风貌

20. 赵沨（1916—2001年）墓，位于北京八宝山革命公墓陵园。著名音乐教育家

21. 沈湘（1921–1993年）树葬墓，位于北京八宝山革命公墓陵园内。著名音乐教育家

22. 陶金（1961–1997年），位于北京万安公墓陵园。著名青年舞蹈家

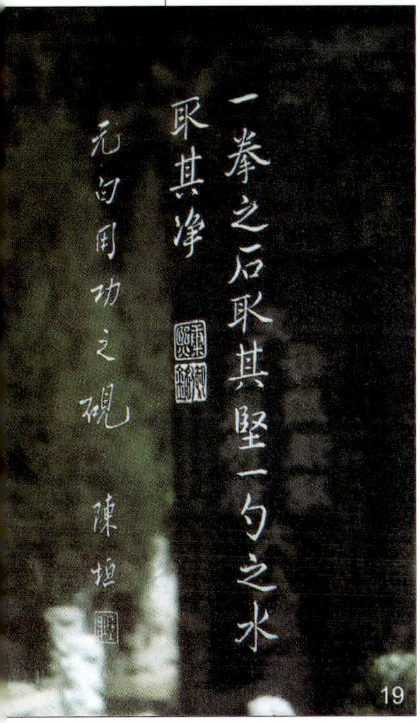

19

21

22

附录：全国主要风景名胜园林中石景要目

中国传统和现代建筑中，桥、塔、坊、台、栏、碑、路、人工山水，以及建筑装饰、水景营造、雕塑造型、地域标志等，都善于和喜欢用石材制作，并形成璀璨恢弘的艺术特色、日久不衰的历史文化现象。为世界自然与文化宝库保存下举世无双的财富，对环境景观的改善、旅游事业的发展、人民自身素质的提高产生着深刻影响。我们根据众多资料中4000余个景点，选编出850余处与石景关系比较突出的供读者参考，不妥之处请多指正。

北京

1. 中国国家博物馆
2. 首都博物馆
3. 中国工艺美术馆
4. 北京石刻艺术博物馆
5. 北京工艺美术博物馆
6. 琉璃厂文化街
7. 北京古玩城
8. 颐和园
9. 圆明园西洋楼遗址
10. 天坛
11. 北海
12. 故宫
13. 故宫御花园
14. 天安门广场
15. 明十三陵
16. 房山石花洞公园
17. 延庆硅化木公园
18. 北京孔庙进士碑林
19. 清十三经碑
20. 云居寺房山石经山
21. 居庸关云台
22. 昌平大漠奇石馆

天津

蓟县地质公园、盘山风景名胜区

河北

1. 石家庄周边石景
2. 鹿泉抱犊山
3. 井陉苍岩山、于家石头村
4. 正定隆兴寺、正定“三塔”
5. 赞皇嶂石岩风景名胜区
6. 赵县安济桥、陀罗尼经幢
7. 承德避暑山庄、外八庙、普宁寺、须弥福寿之庙、普陀宗乘之庙、棒槌山
8. 山海关、老龙头
9. 昌黎碣石山
10. 遵化清东陵
11. 保定古莲花池
12. 定州开元寺塔
13. 易县清西陵
14. 曲阳千佛堂、北岳庙
15. 临城崆山白云洞
16. 邯郸响堂山石窟

山西

1. 太原山西省博物馆、双塔寺、晋祠、天龙山石窟、开化寺连理塔
2. 介休后土庙、绵山
3. 榆社化石博物馆
4. 太谷白塔
5. 平遥双林寺、文庙
6. 灵石古灵石
7. 大同华严寺、九龙壁、云冈石窟、观音堂
8. 恒山风景名胜区
9. 平顺大云院、龙门寺
10. 五台山风景名胜区
11. 五台佛光寺、广济寺、南禅寺大殿
12. 代县阿育王塔
13. 洪洞广胜寺
14. 永济五老峰风景名胜区、普救寺
15. 芮城永乐宫
16. 方山北武当山
17. 长子法兴寺
18. 晋城青莲寺
19. 吉县壶口瀑布

内蒙古

1. 呼和浩特内蒙古博物馆、五塔寺、万部华严经塔（白塔）、昭君墓
2. 包头五当召
3. 伊金霍洛旗成吉思汗陵
4. 宁城大明塔
5. 巴林左旗真寂寺石窟
6. 巴林右旗龙泉寺、巴林奇石馆
7. 鄂伦春自治旗嘎仙洞
8. 赤峰克什克腾地质公园
9. 乌海召烧沟岩画

辽宁

1. 沈阳辽宁省博物馆、北塔、清昭陵（北陵）、清福陵（东陵）、棋盘山风景区、怪坡风景区
2. 彰武千佛山摩崖造像、海棠山摩崖造像
3. 抚顺赵家坟石棚
4. 本溪水洞风景名胜区
5. 辽阳白塔
6. 鞍山千山风景区、玉佛苑
7. 海城析木城石棚
8. 凤城凤凰山风景区
9. 丹东青山沟风景区
10. 大连老虎滩、星海公园、金石滩
11. 旅顺白玉山塔
12. 锦州大笔架山
13. 北宁崇兴寺双塔、医巫闾山；北镇庙石狮
14. 义县奉国寺、万佛堂石窟
15. 绥中朱梅墓园、姜女石遗址

吉林

1. 长春吉林省博物馆、净月潭风景区
2. 吉林陨石雨陈列馆
3. 通化万发拨子遗址
4. 集安高句丽王城、王陵
5. 安图等三县长白山自然保护区

黑龙江

1. 哈尔滨圣索菲亚教堂、黑龙江省博物馆、冰灯游园会
2. 阿城亚沟摩崖石刻像
3. 五大连池火山地质公园
4. 嘉荫恐龙地质公园

上海

上海博物馆、上海城市规划展示馆、上海自然博物馆、上海外滩、豫园、三山会馆、龙华烈士陵园、宋庆龄墓、玉佛寺、鲁迅墓及鲁迅纪念馆、杨浦大桥、东方明珠广播电视塔、秋霞圃、古猗园、兴圣教寺塔、大观园、曲水园

江苏

1. 南京中山陵、灵谷寺、明孝陵、瞻园、南京长江大桥、中华门、雨花台、千佛崖石窟及明征君碑、阳山碑材
2. 徐州狮子山楚王陵、汉画像艺术博物馆馆、龟山汉墓
3. 连云港云台山风景名胜区、孔望山摩崖造像，将军崖岩画
4. 淮安明祖陵
5. 扬州个园、何园、瘦西湖风景名胜区
6. 如皋水绘园
7. 镇江金山、焦山、昭关石塔
8. 句容茅山
9. 常州中华恐龙园
10. 无锡寄畅园、太湖风景名胜区、蠡园、灵山大佛
11. 江阴晴山堂石刻
12. 宜兴陶瓷博物馆
13. 苏州拙政园、留园、文庙及石刻、网师园、环秀山庄、艺圃、狮子林、藕园、虎丘、灵岩山、宝带桥
14. 吴江退思园
15. 常熟兴福寺石塔

浙江

1. 杭州浙江省博物馆、西湖、西泠印社、灵隐寺、飞来峰、六和塔、花圃、灵山幻境、天石微雕艺术馆、大涤山响石
2. 临安天目山
3. 富阳等四县富春江——新安江风景名胜区
4. 建德白沙大桥、大慈岩
5. 桐庐瑶琳仙境
6. 德清莫干山风景名胜区
7. 嘉兴钱塘潮
8. 嘉善西塘镇
9. 海盐绮园
10. 舟山普陀山、朱家尖岛
11. 嵊泗列岛礁石水景
12. 宁波阿育王寺
13. 鄞州东钱湖石刻群
14. 慈溪龙山建筑群
15. 奉化雪窦山风景名胜区
16. 绍兴沈园、仓桥直街、八字桥、大禹陵、柯岩、兰亭
17. 常山三衢石林风景区
18. 龙游石窟
19. 武义郭洞村、熟溪桥
20. 天台山
21. 瑞安浙南石棚墓群
22. 乐清北雁荡山
23. 泰顺古廊桥、仙居桥、上下桥、薛宅桥、三条桥
24. 青田石门洞

安徽

1. 合肥安徽省博物馆
2. 黄山风景名胜区
3. 歙县许国石坊、太平桥、新安碑园、棠樾牌坊群
4. 休宁齐云山风景名胜区
5. 黟县西递村古建筑群，宏村古建筑群
6. 池州大王洞溶洞群
7. 青阳九华山
8. 宣城太极洞群
9. 泾县陈村、查济古建筑群
10. 绩溪冯村古村落、勘头古村落

福建

1. 福州福建省博物馆、于山、乌石山、西禅寺、鼓山、罗星石塔
2. 福清瑞岩山
3. 永泰方广岩
4. 平潭海坛岛（平潭岛）、三十六角湖、半洋石帆
5. 武夷山风景名胜区
6. 顺昌宝山寺大殿
7. 永安桃源洞、鳞隐石林
8. 将乐玉华洞
9. 泰宁金湖风景名胜区
10. 泉州开元寺双塔（石塔）、伊斯兰教圣墓、天后宫、洛阳桥、清源山风景名胜区
11. 晋江草庵摩尼教寺、安平桥
12. 南安九日山摩崖石刻
13. 惠安崇武城、崇武石雕工艺博览园
14. 厦门鼓浪屿——万石山风景名胜区、鳌园、青礁慈济宫
15. 龙海白礁慈济宫
16. 漳浦诒安堡
17. 车山风动石
18. 南靖田螺坑土楼群等四地景观
19. 华安二宜楼
20. 龙岩适中镇
21. 永定土楼等土楼群景观
22. 连城冠豸山风景名胜区、四堡雕版博物馆、培田村
23. 福鼎太姥山风景名胜区
24. 屏南鸳鸯溪风景名胜区
25. 周宁九龙祭瀑布

江西

1. 南昌江西省博物馆、南昌滕王阁、青云谱
2. 九江锁江楼宝塔、能仁寺、庐山风景区
3. 景德镇陶瓷馆、明清古街
4. 婺源古建筑群
5. 鹰潭上清宫、老虎山风景名胜区
6. 赣州通天岩
7. 安远永清岩阁楼
8. 德兴、玉山三清山风景区
9. 乐安流坑村古建筑群
10. 吉安钓源村、井冈山

山东

1. 济南山东省博物馆、千佛山、柳埠名胜
2. 长清灵岩寺、孝堂山郭氏墓石祠
3. 淄博周村
4. 潍坊十笏园
5. 青州博物馆、驼山石窟、云门山风景区
6. 临朐山旺古生物化石保护区
7. 龙口南山旅游区
8. 莱州云峰山摩崖石刻
9. 蓬莱阁
10. 长岛
11. 荣成成山头、荣成花斑彩石景区
12. 崂山风景名胜区
13. 即墨马山石林
14. 济南北寨墓群
15. 曲阜孔庙、孔府、孔林
16. 邹城铁山摩崖石刻
17. 泰安岱庙、泰山风景名胜区
18. 单县百狮坊、百寿坊

河南

1. 郑州河南博物馆、黄河风景区
2. 新郑轩辕故里
3. 登封嵩山风景名胜区
4. 巩县石窟寺、宋陵
5. 三门峡景区
6. 洛阳龙门石窟、白园、洛阳博物馆、洛阳古墓博物馆、洛阳石刻艺术馆
7. 新安千唐志斋
8. 修武云台山风景区
9. 温县慈胜寺
10. 新乡潞简王墓
11. 卫辉比干墓庙
12. 辉县百泉
13. 浚县大丕山摩崖大佛及石刻
14. 安阳殷墟、灵泉寺石窟
15. 开封清明上河园
16. 鲁山石人山
17. 南阳汉画像馆
18. 西峡蝙蝠洞
19. 唐河泗洲塔

湖北

1. 武汉湖北省博物馆、武汉长江大桥、东湖风景区、归元寺
2. 十堰武当山风景名胜区
3. 襄樊米公祠、绿影壁、古隆中、广德寺 · 多宝佛塔
4. 钟祥明显陵
5. 黄冈东坡赤壁、青云石塔
6. 黄梅五祖寺
7. 鄂州怡亭铭摩崖石刻
8. 赤壁三国赤壁
9. 通山九宫山风景名胜区
10. 江陵荆州古城、八岭山古墓群 · 辽简王墓
11. 宜昌长江三峡大坝枢纽工程、葛洲坝
12. 松柏镇神农架
13. 利川腾龙洞、鱼木寨、大水井古建筑群

湖南

1. 长沙湖南省博物馆、岳麓山
2. 浏阳文庙
3. 张家界武陵源风景区
4. 岳阳楼、张谷英村
5. 炎陵炎帝陵
6. 衡阳衡山风景名胜区
7. 永州柳子庙
8. 宁远九疑山
9. 江永上甘棠村
10. 祁阳浯溪
11. 通道芋头侗寨古建筑群、回龙桥、马田鼓楼
12. 冷水江波月洞
13. 吉首德夯景区
14. 凤凰县城、黄丝桥古城
15. 永顺芙蓉镇
16. 龙山卯洞河

广东

1. 广州广东省博物馆、越秀山、南越文王墓、黄花岗七十二烈士墓、陈家祠堂、光孝寺、沙面、白云山

2. 番禺余荫山房，留耕堂、莲花山
3. 清远飞来峡、飞来寺
4. 英德宝晶宫
5. 连州湟川三峡
6. 乐昌金鸡岭
7. 南雄三影塔
8. 曲江南华寺
9. 始兴满堂围
10. 仁化丹霞山风景名胜区
11. 乳源必背瑶寨
12. 梅州灵光寺
13. 大埔花萼楼、泰安楼
14. 潮州广济桥、已略黄公祠
15. 汕头尝石风景区
16. 东莞可园
17. 深圳鹤湖新居
18. 珠海圆明新园、梅溪牌坊、珠海渔女
19. 中山孙中山故居
20. 恩平石头村、开平碉楼、赤坎镇、荻海风采堂
21. 佛山民间艺术社
22. 南海西樵山风景名胜区
23. 顺德清晖园
24. 三水大卧佛、大旗头村
25. 肇庆星湖风景名胜区、七星岩摩崖石刻
26. 封开北回归线标志塔、大斑石
27. 德庆悦城龙母庙

广西

1. 南宁广西壮族自治区博物馆、南湖公园、扬美镇
2. 武鸣伊岭岩
3. 桂林叠彩山、象山、芦笛岩、七星岩、漓江风景名胜区
4. 阳朔风光
5. 灵川大圩古镇
6. 永福百寿岩
7. 荔浦银子岩旅游度假区
8. 柳州白莲洞
9. 三江马胖鼓楼、程阳桥
10. 桂平西山
11. 陆川谢鲁山庄
12. 北海涠洲岛、北海近代建筑
13. 大新德天瀑布
14. 宁明花山风景名胜区、花山崖画
15. 龙州花山岩画
16. 罗城怀群镇风景区
17. 南丹甘河九天溶洞河景区
18. 昭平黄姚镇

海南

1. 海口海瑞墓园、五公祠
2. 琼山石山火山口公园
3. 三亚热带海滨风景名胜区
4. 文昌孔庙
5. 琼海万泉河风景区、博鳌亚洲论坛
6. 万宁东山岭
7. 五指山风景区

重庆

1. 重庆市博物馆、人民解放纪念碑
2. 沙坪坝重庆歌乐山烈士陵园
3. 北碚缙云山风景名胜区、金刀峡风景区
4. 万盛石林
5. 渝北张关水溶洞风景区
6. 巴南涞滩镇
7. 江津四面山
8. 南川金佛山
9. 潼南大佛寺
10. 大足石刻（宝顶山、北山）
11. 武隆芙蓉洞、天生三桥
12. 酉阳龚滩镇
13. 涪陵白鹤梁石鱼
14. 丰都雪玉洞
15. 石柱西沱镇
16. 忠县石宝寨、丁房阙、无名阙
17. 云阳张飞庙
18. 奉节小寨天坑
19. 巫山小三峡、大昌古镇

四川

1. 成都四川省博物馆、王建墓、洛带镇、宝光寺
2. 邛崃石笋山石刻造像、石塔寺石塔
3. 都江堰
4. 彭州龙兴寺
5. 双流黄龙溪镇
6. 大邑西岭雪山风景名胜区、药师崖石刻
7. 新津观音寺
8. 广元皇泽寺、红军标语碑林、千佛崖造像、昭化古城
9. 剑门蜀道风景名胜区
10. 江油窦山
11. 德阳文庙
12. 什邡三星堆遗址
13. 阆中古城、川北道贡院
14. 隆昌石牌坊、云顶寨
15. 乐山大佛
16. 峨眉山风景名胜区
17. 犍为罗城镇
18. 夹江千佛岩
19. 自贡恐龙博物馆
20. 荣县大佛寺
21. 泸县龙脑桥
22. 合江佛宝风景名胜区
23. 江安夕佳山民居
24. 兴文石海洞乡
25. 巴中南龛摩崖造像
26. 通江红云崖
27. 渠县汉阙
28. 安岳石刻
29. 眉山三苏祠
30. 仁寿牛角寨摩崖造像
31. 彭山江口汉崖墓群
32. 雅安高颐墓阙及石刻、碧峰峡、上里镇
32. 汶川卧龙沟
33. 理县米亚罗、桃坪羌寨
34. 松潘黄龙寺景区、牟尼沟、丹云峡
35. 九寨沟风景区
36. 小金县四姑娘山风景名胜区
37. 黑水县卡龙沟
38. 壤塘棒托寺
39. 康定贡嘎山风景名胜区
40. 泸定海螺沟
41. 德格印经院
42. 西昌地震碑林

贵州

1. 贵阳贵州省博物馆、青岩古镇、镇山村
2. 清镇红枫湖风景名胜区
3. 赤水风景名胜区
4. 遵义杨粲墓、海龙囤
5. 绥阳双龙洞
6. 安顺文庙、龙宫、云山屯古建筑群
7. 普定穿洞遗址
8. 关岭花江大峡谷、红岩碑
9. 镇宁黄果树瀑布、石头寨
10. 织金洞风景名胜区、乾宏洞
11. 铜仁九龙洞
12. 江口梵净山
13. 施秉舞阳三峡风景区
14. 镇远青龙洞古建筑群
15. 黎平天生桥、肇兴侗寨
16. 都匀文峰塔
17. 福泉洒金谷
18. 荔波樟江风景名胜区
19. 兴义泥凼石林

云南

1. 昆明云南省博物馆、世界园艺博览园、金殿、西山景区、聂耳墓、滇池、大观楼、大理国经幢、圆通寺、筇竹寺
2. 安宁曹溪寺、三炷香
3. 宜良九乡风景名胜区
4. 石林风景名胜区
5. 泸西阿庐古洞
6. 陆良彩色砂林景区
7. 曲靖诸葛亮与孟获浮雕、爨宝子碑
8. 罗平牛街瀑布
9. 澄江帽天山
10. 通海秀山公园
11. 保山云岩卧佛
12. 腾冲地热火山风景名胜区
13. 盐津袁滋题记摩崖石刻
14. 丽江古城、玉泉公园、玉龙雪山、虎跳峡、石头城
15. 宁蒗泸沽湖
16. 瑞丽姐勒金塔
17. 盈江允燕塔
18. 香格里拉白水台
19. 三江并流风景名胜区
20. 德钦梅里雪山
21. 大理古城、苍山、洱海、崇圣三塔寺、周城镇、喜洲白族古建筑群
22. 宾川鸡足山

23. 洱源南昭风情岛
24. 剑川石钟山石窟
25. 元谋土林
26. 禄丰黑井镇
27. 建水文庙、双龙桥、燕子洞
28. 弥勒白龙洞
29. 丘北普者黑风景区
30. 广南峰岩洞村
31. 景洪民族风情园、西双版纳傣族园、曼飞龙塔

西藏

1. 拉萨西藏博物馆、布达拉宫、大昭寺、罗布林卡、哲蚌寺、色拉寺
2. 当雄纳木错、羊八井地热区
3. 达孜甘丹寺
4. 昌都强巴林寺、噶玛寺
5. 工布江达巴松湖
6. 米林雅鲁藏布大峡谷、南迦巴瓦峰
7. 山南雅隆江风景名胜区
8. 扎囊桑耶寺、敏珠林寺、朗色林庄园、藏王墓
9. 洛扎桑嘎果托寺
10. 日喀则扎什伦布寺、班禅新宫
11. 江孜白居寺
12. 定日珠穆朗玛峰
13. 萨迦寺
14. 拉孜木札山石窟
15. 普兰科迦寺、玛旁雍错湖、冈仁波齐峰
16. 札达古格王国遗址、托林寺、东嘎石窟、札达土林
17. 日土班公错湖

陕西

1. 西安陕西省历史博物馆、清真寺、碑林、大雁塔、华清池、骊山、秦始皇陵及兵马俑丛葬坑、兴教寺、翠华山
2. 蓝田水陆庵
3. 户县祖庵石刻
4. 咸阳博物馆、阳陵、顺陵
5. 兴平茂陵、霍去病墓
6. 泾阳崇文塔
7. 礼泉昭陵及博物馆
8. 乾县乾陵、永泰公主墓、章怀太子墓
9. 彬县大佛寺
10. 铜川玉华宫遗址
11. 耀州药王山
12. 华阴华山
13. 韩城党家村、普照寺
14. 蒲城桥陵
15. 子长钟山石窑（石窟）
16. 宜川壶口瀑布
17. 黄陵黄帝陵、黄帝庙
18. 宝鸡天台山、炎帝陵
19. 麟游慈善寺石窟
20. 扶风法门寺
21. 汉中褒斜道石门及其摩崖石刻
22. 勉县武侯墓（祠）
23. 留坝张良庙
24. 靖边统万城
25. 米脂姜氏庄园
26. 佳县白云山庙

甘肃

1. 兰州甘肃省博物馆、白塔山、黄河奇石馆
2. 嘉峪关及长城博物馆、悬壁长城、魏晋壁画墓
3. 酒泉丁家闸壁画墓、东晋壁画墓
4. 敦煌莫高窟、鸣沙山·月牙泉、敦煌市博物馆
5. 玉门关雅丹地质公园
6. 安西榆林窟
7. 景泰黄河石林
8. 天水伏羲庙、麦积山石窟、大地湾遗址
9. 武山水帘洞石窟群
10. 拉梢寺石窟
11. 甘谷大像山石窟
12. 武威文庙、西夏碑、大云寺晓钟、天梯山石窟、白塔寺
13. 张掖大佛寺
14. 民乐圆通寺塔
15. 肃南马蹄寺石窟
16. 庆阳北石窟寺
17. 平凉崆峒山风景名胜区
18. 泾川南石窟寺
19. 永靖炳灵寺石窟
20. 夏河拉卜楞寺

青海

1. 西宁青海省博物馆、北禅寺
2. 湟源青海湖、鸟岛
3. 湟中塔尔寺
4. 乐都瞿昙寺
5. 玉树加昂玛尼堆
6. 茫崖柴达木雅丹地貌

宁夏

1. 银川宁夏回族自治区博物馆、南关清真寺、玉皇阁、承天寺塔、海宝塔、西夏王陵、西夏博物馆、拜寺口双塔
2. 贺兰山岩画
3. 青铜峡一百零八塔
4. 中卫高庙
5. 同心清真大寺
6. 固原须弥山石窟

新疆

1. 乌鲁木齐新疆维吾尔自治区博物馆、新疆地质矿产陈列馆、南山景区
2. 阜康天山天池风景名胜区
3. 呼图壁康家石门子岩画
4. 奇台老鹰沟硅化木林
5. 吐鲁番阿斯塔那古墓群、柏孜克里克千佛洞、苏公塔、交河故城
6. 喀什香妃墓
7. 塔什库尔干塔吉克自治县石头城遗址
8. 阿克陶县昆仑山雪崩
9. 库车县克孜尔尕哈石窟、苏巴什佛寺
10. 拜城县克孜尔千佛洞
11. 哈密王陵
12. 若羌县雅丹奇观
13. 阿勒泰市切木尔切克石人及石棺墓群
14. 青河县三海子墓葬及鹿石

香港特别行政区

1. 香港岛：香港会议展览中心、香港回归祖国纪念碑、港督府旧址、铜锣湾、海洋公园、太平山、维多利亚公园
2. 九龙半岛：黄大仙祠、香港博物馆、香港文化中心、尖东海滨公园
3. 新界本土：青山禅院、万佛寺
4. 新界离岛：大屿山、宝莲寺、天坛大佛

澳门特别行政区

1. 澳门半岛：澳门文化中心、综艺馆、澳门回归纪念亭、大三巴牌坊、澳门博物馆、妈祖庙、融和门纪念碑、白鸽巢公园、贾梅士博物馆、玫瑰堂、莲花大桥
2. 凼仔岛：澳凼大桥

台湾

1. 台北：中山博物院、台北孔庙、北投温泉、阳明山、天然海岸公园、红毛城遗址
2. 基隆：万人堆、金山海岸
3. 桃园：石门水库、小人国
4. 台中：台中公园、宝觉寺、忠烈寺
5. 南投：日月潭
6. 花莲：太鲁阁峡
7. 云林：北港朝天宫
8. 嘉义：阿里山
9. 台南：郑成功庙、赤嵌楼、开元寺、安平古堡、法华寺、竹溪寺
10. 台南：代天府
11. 高雄：打鼓山、佛光山、澄清湖
12. 屏东：垦丁公园、东隆宫

后记

‖石景轩工作室‖

本书撰文／摄影人员

林新华 林琮润 娇庆民

叶海强 许 涛

石头好玩、石头好看、石景好美啊！这是我少儿时代就存在的一种潜意识。长期以来爱石不藏石、赏石不买石，只是打心里爱石、夜时梦石罢了。大学学土建专业，在野外与山水为家，加深了与石为友的缘分。过去趁工作之便，观赏一下山河之美，把伊甸园式的唯美追求印记在心里。退休后才有机会，用图片和流淌在心里的清音，展现石景的魅力，把自己多年来与石忘年交的情意，奉献给读者共享。也以此，用美去报答祖国、父母养育之恩，同学、同事、兄弟姐妹给我的情谊。

“读万卷书，行万里路”，这是许多人工作时和退休后的生活愿景，并不完全出于消磨时光和健身。这句箴言，永远鼓舞着人们快乐度日！有幸，中国建材工业出版社很快批复我申请出版该书的报告，并使我深受鼓舞。前两年主要进行提纲编定和资料收集工作，后一年半完成80余个景点素材的收集、整理、撰稿和定稿，我知道工作量是相当繁重的。在外地有时一天车行数百公里，走二三十里路，突遇陌生人的欺诈，一人走在丛林中的胆怯，晚上住低价而可怕的旅社……历经5万余公里的旅程，幸运的是这一切终于过去。祖国美好的山水可以放心去欣赏。

有的外国游客说，中国游客没有从石头里走出来，而是喜欢购物和上餐馆，说得幽默而深刻。可以看出我们与外国游客的素养差异，同时存在园区管理、诱导不力的因素。中国景观对国人已习以为常，看平淡了。我经历了各类景观的体验，也感觉出石景规划、设计、营造方面观念的滞后，或过于专注传统山石景观造型模式的定位，缺少多样性、新颖感、境界与气势的营造。可以肯定，全国世界一流的园景也不少，《说石构景》中选择的仅仅是部分比较珍贵的景园景观，但是也同样难免留有旧迹，让读者遗憾。

文中名景的评述，限于个人观察，认知浅薄，不一定符合客观实景。图片构图可能没有充分表达景点景观的真实性，“移步一景”，瞬间艺术往往遗憾多于完美。有时采访过于匆忙，会有疏漏和差错。有的图片在于说明问题，构图的完整性就不如典型景观完美。在景区为避开人流，取景角度大受限制，影响到构图质量。为保持主题与环境的真实关系，我们一般不抠图、不修版，致使画面留下缺憾等等。以上不足之处，请专家和读者指正。

我衷心感谢中国建材工业出版社，对《说石构景》这部书稿的关注与支持。为保证书稿质量，计划起始时就确定独立拍片为图片主要来源和尊重拍摄对象所有者的知识产权事宜两个工作原则。虽然投资较大，但实属支持环境改善和发展石文化之举，任何一个工作项目都要按章法实施，不足之处适当说明，让当事人和读者充分理解。出科预料，所到之处，得到许多友好单位及人士的鼓励与支持，他们认为写好《说石构景》是一件对社会十分有益的事情。如景观设计师矫庆民先生曾参与提纲的修改和第二届的试写。北京工美大厦博物馆刘灼先生、福建寿山石文化艺术研究会陈石会长、中央美术学院王熙民教授、惠安县委宣传部林瑞丰先生，以及惠安石雕城秘出处、广州雕塑公园、北京国际雕塑园、亚太地区盆景奇石展、西安碑林、重庆大足石刻、山东博物馆、青州博物馆等单位和个人，无偿提供图片或提供拍片场景。还有我的同事申非、周崇禄、王世田先生、陈桂筠女士等对书稿文字修改都提出了有益的建议，北京东海星科技公司为排版文字提供了方便。在此，我表示真诚的谢意。没有他们的支持，仅个人的能力是不能如愿以偿的。

书中本应对石景造型作品加署名称、创作或制作者姓名，但因采访时个别的无法查询到出处，故只得暂缺。待有机会加以补充完善，特此说明，并致歉意！

有位雕塑家希望在本书后记中，表达他的一个愿望。他说，两千多年前的汉代，是我国石雕石刻艺术兴起的里程碑，许多作品雄浑、朴实的风格，影响之深远至今不能忘怀。让我选一首诗作，表达他对前辈的缅怀和对当今中国盛世石景艺术的祝福与期盼。我思索良久，呈上电视剧《汉武大帝》主题歌请他酌定。他回答我：别出心裁。我不敢当，还是奉献给读者朋友共赏吧！

在滔滔的长河中，
你是一朵浪花。
在绵绵的山脉里，
你是一座奇峰。

你把寂寞藏进乌云的缝隙，
你把梦想写在蓝天草原。
你燃烧自己，温暖大地，
任自己成为灰烬。

让一缕缕火焰翩翩起舞，
那就是你最后的倾诉，
倾诉！

我为什么还在等待，
我不知为何仍这样痴情。
明知辉煌过后是暗淡，
仍期待着把一切从头来过。

我们既然曾经拥有，
我的爱就不能停顿。
每个梦里都有你的梦，
共同期待一个永恒的春天，
春天！

2006年6月26日

参 考 文 献

〔1〕郑宏.环境景观设计〔M〕.北京：中国建筑工业出版社，1999.
〔2〕赵世伟，张佐双,等.园林植物景观设计与营造〔M〕.北京：中国城市出版社，2001.
〔3〕潘谷西.江南理景艺术〔M〕.南京：东南大学出版社，2003.
〔4〕刘晓惠.文心画境〔M〕.北京：中国建筑工业出版社，2002.
〔5〕江三戈，吴采薇.世界园艺博览园景观规划设计〔M〕.北京：中国建筑工业出版社，2002.
〔6〕王朝闻.石道因缘〔M〕.杭州：浙江人民美术出版社，2000.
〔7〕马跃.中国国家地理〔M〕.北京：光明日报出版社，2004.
〔8〕陈水云.中国山水文化〔M〕.武汉：武汉大学出版社，2001.
〔9〕国家文物局.中国名胜词典〔M〕.上海：上海辞书出版社，2001.
〔10〕陈从周.中国园林鉴赏辞典〔M〕.上海：华东师范大学出版社，2001.
〔11〕汝信.中国雕塑史〔M〕.银川：宁夏人民出版社，2001.
〔12〕吴胜明.中国地书〔M〕.济南：山东画报出版社，2005.
〔13〕陈从周.梓翁说园〔M〕.北京：北京出版社，2004.
〔14〕区伟耕，等.园林石景〔M〕.乌鲁木齐：新疆科技卫生出版社，2005.
〔15〕王贵生.名胜古石〔M〕.上海：学林出版社，2003.
〔16〕乔修业.旅游美学〔M〕.天津：南开大学出版社，2004.
〔17〕赵鑫珊.建筑是首哲理诗〔M〕.天津：百花文艺出版社，2002.
〔18〕赵鑫珊.建筑：不可抗拒的艺术（上、下）〔M〕.天津：百花文艺出版社，2002.
〔19〕张家骥.园冶全释〔M〕.太原：山西古籍出版社，2002.
〔20〕吴家骅.叶南译.景观形态学〔M〕.北京：中国建筑工业出版社，2000.
〔21〕鲁道夫·阿恩海姆，滕守尧，等译.艺术与视知觉〔M〕.成都：四川人民出版社，2005.

图书在版编目（CIP）数据

说石构景／林新华主编.—北京：中国建材工业出版社，2006.8

ISBN 7-80227-133-9

Ⅰ.说...　Ⅱ.林...　Ⅲ.石料－景观－园林设计　Ⅳ.TU986.4

中国版本图书馆CIP数据核字（2006）第089232号

内容简介

本书以图文合一的形式（彩图千余幅），介绍了石景造型艺术如何与其他造景元素相互配合，构成营造环境景观艺术的表现形式、方法与技巧。主题要点：石道因缘、石艺精魂和石景赏析。

本书以自然山水景观为脉络开篇，进而演绎到人文石景的多种构景形式，如天然观赏石构景；雕塑造型艺术构景；石雕工艺品构景；碑碣刻石构景等，是环境景观规化、设计与管理人员的一本专业性读物。

说石构景

STONE LANDSCAPING

說石構景

林新华　主编

出版发行：中国建材工业出版社

地　　址：北京市西城区车公庄大街6号

邮　　编：100044

经　　销：全国各地新华书店

印　　刷：北京印刷集团有限责任公司印刷二厂

开　　本：889mm × 1194mm　1/16

印　　张：16

字　　数：509千字

版　　次：2006年9月第1版

印　　次：2006年9月第1次

定　　价：150.00元

网上书店：www.ecooll00.com